1949-2019

新中国气象事业70周年

守望七轶风云
追逐赣鄱浪涌

U0199611

新中国气象事业
70周年·江西卷

江西省气象局

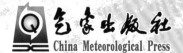

气象出版社
China Meteorological Press

图书在版编目（CIP）数据

新中国气象事业70周年.江西卷/江西省气象局编
著. -- 北京：气象出版社，2020.9
ISBN 978-7-5029-7153-3

Ⅰ.①新… Ⅱ.①江… Ⅲ.①气象－工作－江西－画
册 Ⅳ.①P468.2-64

中国版本图书馆CIP数据核字（2020）第086721号

新中国气象事业70周年·江西卷
Xinzhongguo Qixiang Shiye Qishi Zhounian · Jiangxi Juan

江西省气象局　编著

出版发行: 气象出版社

地　　址: 北京市海淀区中关村南大街46号　**邮政编码:** 100081

电　　话: 010-68407112（总编室）　　010-68408042（发行部）

网　　址: http://www.qxcbs.com　　**E-mail:** qxcbs@cma.gov.cn

策划编辑: 周　露

责任编辑: 吴晓鹏　邓　川　　　　**终　审:** 张　斌

责任校对: 张硕杰　　　　　　　**责任技编:** 赵相宁

装帧设计: 新光洋（北京）文化传播有限公司

印　　刷: 北京地大彩印有限公司

开　　本: 889 mm ×1194 mm 1/16　　**印　张:** 13

字　　数: 333 千字

版　　次: 2020 年 9 月第 1 版　　**印　次:** 2020 年 9 月第 1 次印刷

定　　价: 268.00 元

总 序

　　1949 年 12 月 8 日是载入史册的重要日子。这一天，经中央批准，中央军委气象局正式成立，开启了新中国气象事业的伟大征程。

　　气象事业始终根植于党和国家发展大局，与国家发展同行共进、同频共振。伴随着国家发展的进程，气象事业从小到大、从弱到强、从落后到先进，走出了一条中国特色社会主义气象发展道路。新中国成立后，我们秉持人民利益至上这一根本宗旨，统筹做好国防和经济建设气象服务。在国家改革开放的大潮中，我们全面加速气象现代化建设，在促进国家经济社会发展和保障改善民生中实现气象事业的跨越式发展。党的十八大以来，我们坚持以习近平新时代中国特色社会主义思想为指导，坚持在贯彻落实党中央决策部署和服务保障国家重大战略中发展气象事业，开启了现代化气象强国建设的新征程。70 年气象事业的生动实践深刻诠释了国运昌则事业兴、事业兴则国家强。

　　气象事业始终在党中央、国务院的坚强领导和亲切关怀下，与伟大梦想同心同向、逐梦同行。党和国家始终把气象事业作为基础性公益性社会事业，纳入经济社会发展全局统筹部署、同步推进。毛泽东主席关于气象部门要把天气常常告诉老百姓的指示，成为气象工作贯穿始终的根本宗旨。邓小平同志强调气象工作对工农业生产很重要，江泽民同志指出气象现代化是国家现代化的重要标志，胡锦涛同志要求提高气象预测预报、防灾减灾、应对气候变化和开发利用气候资源能力，都为气象事业发展指明了方向，鼓舞着我们奋勇前行。习近平总书记特别指出，气象工作关系生命安全、生产发展、生活富裕、生态良好，要求气象工作者推动气象事业高质量发展，提高气象服务保障能力，为我们以更高的政治站位、更宽的国际视野、更强的使命担当实现更大发展，提供了根本遵循。

　　在党中央、国务院的坚强领导下，一代代气象人接续奋斗、奋力拼搏，气象事业发生了根本性变化，取得了举世瞩目的成就。

　　70 年来，我们紧紧围绕国家发展和人民需求，坚持趋利避害并举，建成了世界上保障领域最广、机制最健全、效益最突出的气象服务体系。

　　面向防灾减灾救灾，我们努力做到了重大灾害性天气不漏报，成功应对了超强台风、特大洪水、低温雨雪冰冻、严重干旱等重大气象灾害，为各级党委政府防灾减灾部署和人民群众避灾赢得了先机。我们建成了多部门共享共用的国家突发事件预警信息发布系统，努力做到重点灾害预警不留盲区，预警信息可在 10 分钟内覆盖 86% 的老百姓，有效解决了"最后一公里"问题，充分发挥了气象防灾减灾第一道防线作用。

面向生态文明建设，我们构建了覆盖多领域的生态文明气象保障服务体系，打造了人工影响天气、气候资源开发利用、气候可行性论证、气候标志认证、卫星遥感应用、大气污染防治保障等服务品牌，开展了三江源、祁连山等重点生态功能区空中云水资源开发利用，完成了国家和区域气候变化评估，组织了四次全国风能资源普查，探索建设了国家气象公园，建立了世界上规模最大的现代化人工影响天气作业体系，人工增雨（雪）覆盖 500 万平方公里，防雹保护达 50 多万平方公里，有力推动了生态修复、环境改善，气象已经成为美丽中国的参与者、守护者、贡献者。

面向经济社会发展，我们主动服务和融入乡村振兴、"一带一路"、军民融合、区域协调发展等国家重大战略，主动服务和融入现代化经济体系建设，大力加强了农业、海洋、交通、自然资源、旅游、能源、健康、金融、保险等领域气象服务，成功保障了新中国成立 70 周年、北京奥运会等重大活动和南水北调、载人航天等重大工程，积极引导了社会资本和社会力量参与气象服务，服务领域已经拓展到上百个行业、覆盖到亿万用户，投入产出比达到 1：50，气象服务的经济社会效益显著提升。

面向人民美好生活，我们围绕人民群众衣食住行健康等多元化服务需求，创新气象服务业态和模式，大力发展智慧气象服务，打造"中国天气"服务品牌，气象服务的及时性、准确性大幅提高。气象影视服务覆盖人群超过 10 亿，"两微一端"气象新媒体服务覆盖人群超 6.9 亿，中国天气网日浏览量突破 1 亿人次，全国气象科普教育基地超过 350 家，气象服务公众覆盖率突破 90%，公众满意度保持在 85 分以上，人民群众对气象服务的获得感显著增强。

70 年来，我们始终坚持气象现代化建设不动摇，建成了世界上规模最大、覆盖最全的综合气象观测系统和先进的气象信息系统，建成了无缝隙智能化的气象预报预测系统。

综合气象观测系统达到世界先进水平。气象观测系统从以地面人工观测为主发展到"天—地—空"一体化自动化综合观测。现有地面气象观测站 7 万多个，全国乡镇覆盖率达到 99.6%，数据传输时效从 1 小时提升到 1 分钟。建成了 216 部雷达组成的新一代天气雷达网，数据传输时效从 8 分钟提升到 50 秒。成功发射了 17 颗风云系列气象卫星，7 颗在轨运行，为全球 100 多个国家和地区、国内 2500 多个用户提供服务，风云二号 H 星成为气象服务"一带一路"的主力卫星。建立了生态、环境、农业、海洋、交通、旅游等专业气象监测网，形成了全球最大的综合气象观测网。

气象信息化水平显著增强。物联网、大数据、人工智能等新技术得到深入应用，形成了"云＋端"的气象信息技术新架构。建成了高速气象网络、海量气象数据库和国产超级计算机系统，每日新增的气象数据量是新中国成立初期的 100 多万倍。新建设的"天镜"系统实现了全业务、全流程、全要素的综合监控。气象数据率先向国内外全面开放共享，中国气象数据网累计用户突破 30 万，海外注册用户遍布 70 多个国家，累计访问量超过 5.1 亿人次。

气象预报业务能力大幅提升。从手工绘制天气图发展到自主创新数值天气预报，从站点预报发展到精细化智能网格预报，从传统单一天气预报发展到面向多领域的影响预报和风险预警，气象预报预测的准确率、提前量、精细化和智能化水平显著提高。全国暴雨预警准确率达到 88%，强对流预警时间提前至 38 分钟，可提前 3 ~ 4 天对台风路径做出较为准确的预报，达到世界先进水平。2017 年中国气象局成为世界气象中心，标志着我国气象现代化整体水平迈入世界先进行列！

70 年来，我们紧跟国家科技发展步伐和世界气象科技发展趋势，大力加强气象科技创新和人才队伍建设，我国气象科技创新由以跟踪为主转向跟跑并跑并存的新阶段。

建立了较为完善的国家气象科技创新体系。我们不断优化气象科技创新功能布局，形成了气象部门科研机构、各级业务单位和国家科研院所、高等院校、军队等跨行业科研力量构成的气象科技创新体系。强化气象科技与业务服务深度融合，大力发展研究型业务。加快核心关键技术攻关，雷达、卫星、数值预报等技术取得重大突破，有力支撑了气象现代化发展。坚持气象科技创新和体制机制创新"双轮驱动"，形成了更具活力的气象科技管理制度和创新环境。气象科技成果获国家自然科学奖 26 项，获国家科技进步奖 67 项。

科技人才队伍建设取得丰硕成果。我们大力实施人才优先战略，加强科技创新团队建设。全国气象领域两院院士 35 人，气象部门入选"千人计划""万人计划"等国家人才工程 25 人。气象科学家叶笃正、秦大河、曾庆存先后获得国际气象领域最高奖，叶笃正获国家最高科学技术奖。一系列科技创新成果和一大批科技人才有力支撑了气象现代化建设。

70 年来，我们坚持并完善气象体制机制、不断深化改革开放和管理创新，气象事业从封闭走向开放、从传统走向现代、从部门走向社会、从国内走向全球。

领导管理体制不断巩固完善。坚持并不断完善双重领导、以部门为主的领导管理体制和双重计划财务体制，遵循了气象科学发展的内在规律，实现了气象现代化全国统一规划、统一布局、统一建设、统一管理，形成了中央和地方共同推进气象事业发展、共同建设气象现代化的格局，满足了国家和地方经济社会发展对气象服务的多样化需求。

各项改革不断深化。坚持发展与改革有机结合，协同推进"放管服"改革和气象行政审批制度改革，全面完成国务院防雷减灾体制改革任务，深入推进气象服务体制、业务科技体制、管理体制等改革，初步建立了与国家治理体系和治理能力现代化相适应的业务管理体系和制度体系，为气象事业高质量发展注入强大动力。

开放合作力度不断加大。 与近百家单位开展务实合作，形成了省部合作、部门合作、局校合作、局企合作的全方位、宽领域、深层次国内开放合作格局。先后与160多个国家和地区开展了气象科技合作交流，深度参与"一带一路"建设，为广大发展中国家提供气象科技援助，100多位中国专家在世界气象组织、政府间气候变化专门委员会等国际组织中任职，气象全球影响力和话语权显著提升，我国已成为世界气象事业的深度参与者、积极贡献者，为全球应对气候变化和自然灾害防御不断贡献中国智慧和中国方案。

气象法治体系不断健全。 建立了《气象法》为龙头，行政法规、部门规章、地方法规组成的气象法律法规制度体系，形成了由国家、地方、行业和团体等各类标准组成的气象标准体系，气象事业进入法治化发展轨道。

70年来，我们始终坚持党对气象事业的全面领导，以政治建设为统领，全面加强党的建设，在拼搏奉献中践行初心使命，为气象事业高质量发展提供坚强保证。

70年来，气象事业发展历程中人才辈出、精神璀璨，有夙夜为公、舍我其谁的开创者和领导者，有精益求精、勇攀高峰的科学家，有奋楫争先、勇挑重担的先进模范，有甘于清苦、默默奉献的广大基层职工。一代代气象人以服务国家、服务人民的深厚情怀，谱写了气象事业跨越式发展的壮丽篇章；一代代气象人推动着气象事业的长河奔腾向前，唱响了砥砺奋进的动人赞歌；一代代气象人凝练出"准确、及时、创新、奉献"的气象精神，激发起干事创业的担当魄力！

70年的发展实践，我们深刻地认识到，**坚持党的全面领导是气象事业的根本保证。** 70年来，在党的领导下，气象事业紧贴国家、时代和人民的要求，实现健康持续发展。我们坚持以习近平新时代中国特色社会主义思想为指导，增强"四个意识"，坚定"四个自信"，做到"两个维护"，把党的领导贯穿和体现到气象事业改革发展各方面各环节，确保气象改革发展和现代化建设始终沿着正确的方向前行。**坚持以人民为中心的发展思想是气象事业的根本宗旨。** 70年来，我们把满足人民生产生活需求作为根本任务，把保护人民生命财产安全放在首位，把老百姓的安危冷暖记在心上，把为人民服务的宗旨落实到积极推进气象服务供给侧结构性改革等各方面工作，促进气象在公共服务领域不断做出新的贡献。**坚持气象现代化建设不动摇是气象事业的兴业之路。** 70年来，我们坚定不移加强和推进气象现代化建设，以现代化引领和推动气象事业发展。我们按照新时代中国特色社会主义事业的战略安排，谋划推进现代化气象强国建设，确保气象现代化同党和国家的发展要求相适应、同气象事业发展目标相契合。**坚持科技创新驱动和人才优先发展是气象事业的根本动力**。70 年来，我们大力实施科技创新战略，着力建设高素质专业化干部人才队伍，集中攻关制约气象事业发展的核心关键技术难题，促进了气象科技实力和业务水平的不断提升。**坚持深化改革扩大开放是气象事业的活力源泉**。70 年来，我们紧跟国家步伐，全面深化气象改革开放，认识不断深化、力度不断加大、领域不断拓展、成效不断显现，推动气象事业在不断深化改革中披荆斩棘、破浪前行。

铭记历史，继往开来。《新中国气象事业 70 周年》系列画册选录了 70 年来全国各级气象部门最具有历史意义的图片，生动全面地记录了气象事业的发展足迹和突出贡献。通过系列画册，面向社会充分展示了气象事业 70 年来的生动实践、显著成就和宝贵经验；展现了气象事业对中国社会经济发展、人民福祉安康提供的强有力保障、支撑；树立了"气象为民"形象，扩大中国气象的认知度、影响力和公信力；同时积累和典藏气象历史、弘扬气象人精神，能够推动气象文化建设，凝聚共识，汇聚推进气象事业改革发展力量。

在新的长征路上，气象工作责任更加重大、使命更加光荣，我们将以习近平新时代中国特色社会主义思想为指导，不忘初心、牢记使命，发扬优良传统，加快科技创新，做到监测精密、预报精准、服务精细，推动气象事业高质量发展，提高气象服务保障能力，发挥气象防灾减灾第一道防线作用，以永不懈怠的精神状态和一往无前的奋斗姿态，为决胜全面建成小康社会、建设社会主义现代化国家做出新的更大贡献！

中国气象局党组书记、局长：刘雅鸣

2019 年 12 月

前 言

不忘初心，牢记使命，栉风沐雨，春华秋实。

自新中国成立以来，在中国气象局党组和江西省委、省政府的正确领导下，在社会各界的关心支持下，几代江西气象人坚守服务人民的初心，牢记发展事业的使命，积极投身红土地的气象事业，上下一心，众志成城，努力探索出一条欠发达地区特色鲜明的气象现代化发展之路。值此新中国成立70周年大庆之年，江西省气象局汇编了这本《新中国气象事业70周年·江西卷》画册，以此铭记历史、展望未来。

本画册分为党和政府关怀、党的建设、公共气象服务、现代气象业务、科技创新与人才队伍建设、管理体系、精神文明建设七大部分，以时间脉络为主线，全面展现江西省气象事业发展历程和取得的辉煌成就。正如习近平同志所说："一切向前走，都不能忘记走过的路；走得再远、走到再光辉的未来，也不能忘记走过的过去，不能忘记为什么出发。"本画册回顾了江西气象在监测站网、预报预警、气象服务、社会管理、依法行政、基础设施、党的建设等各个方面取得的长足进步。画册中生动翔实的图片，是江西省气象事业发展的历史见证，更是江西省气象工作者"不忘初心，牢记使命"的充分展现。

新时代要有新气象，新使命需要新担当。在新的历史方位下，新一届江西省气象局党组将按照"政治业务深度融合、软硬实力同步提升"的总体思路，坚持"以智慧气象为重要标志、以生态文明建设气象保障为鲜明特色的江西气象现代化"的发展主线，遵循"突出特色、带动主线，突出主线、带动全面"的发展路径，带领全省气象部门干部职工，加快推进江西省气象事业发展，不断提升气象保障服务地方经济社会发展和人民群众福祉安康的能力水平，做出无愧时代的业绩与奉献，为谱写江西物华天宝、人杰地灵新画卷贡献气象智慧和力量！

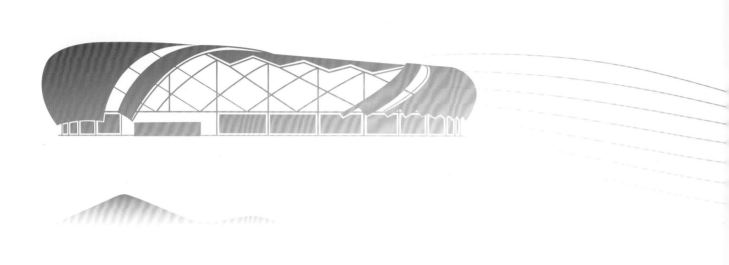

目 录

党和政府关怀篇

　　江西省气象事业经历了波澜壮阔的 70 年。在党和政府的高度重视和亲切关怀下，从无到有，从小到大，从弱到强，发生了翻天覆地的变化，取得了载入史册的辉煌成就，探索出了一条"以智慧气象为重要标志、以生态文明建设气象保障为鲜明特色的符合江西实际的气象现代化"建设发展之路。

◄ 1984 年，国家气象局党组副书记、副局长章基嘉（第二排右四）视察指导宜丰气象工作

◄ 1985 年 4 月 18 日，国家气象局党组副书记、副局长章基嘉（前排左七）等同志视察指导宜春气象工作

◄ 1991 年 4 月 3 日，国家气象局党组书记、局长邹竞蒙（前排中）在省气象局党组书记、局长潘根发（前排左四）陪同下，在遂川县气象局视察指导工作

▲ 1994 年 7 月 23 日，中国气象局党组成员、副局长温克刚（右）在景德镇市气象局视察指导工作

▲ 1997 年 4 月 7 日，省委书记舒惠国（左）到省气象局视察，并听取省气象局党组书记、局长陈双溪（右）关于全省气象工作情况的汇报

▲ 1998 年 2 月 22 日，省委副书记、省长舒圣佑（左三）和省委常委、省委农村工作委员会书记彭崑生（右二），在省气象局党组书记、局长陈双溪（左二）等陪同下，视察省气象局现代化建设

▲ 1998 年 3 月，中国气象局副局长李黄（前排右二）在省气象局党组书记、局长陈双溪（前排右一）等陪同下，检查省气象局 9210 工程 VSAT 通信系统运行情况

◀ 省委副书记、常务副省长、省减灾协会会长黄智权（前排左三）在省气象局党组书记、局长陈双溪（前排左一）等陪同下，视察省气象防灾减灾指挥中心，充分肯定气象工作在防灾减灾中取得的成绩

▲ 1998 年 6 月 18 日，副省长、省防汛抗旱总指挥孙用和（中）在省气象台了解天气变化情况

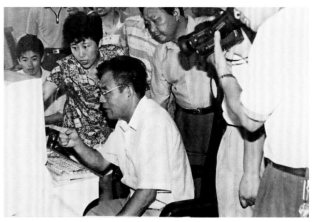

▲ 1998 年 7 月 5 日，坐镇九江指挥抗洪的省委副书记钟起煌（前排左三），在九江市气象局通过计算机调看气象信息

▲ 省委常委、省委农村工作委员会书记彭崀生（左二）多次到省气象局了解气象预报服务情况，指出趋利是经济增长点，避害也是经济增长点

▲ 省委常委、南昌市委书记钟家明（左二）对气象工作十分满意，认为南昌市气象局"98 抗洪"气象服务可以打满分

◀ 1998 年 10 月，副省长胡振鹏（中）在省气象局组织召开的 1998 年特大气象灾害专家座谈会上发表重要讲话

1999年1月27日，省长舒圣佑（右）会见中国气象局局长温克刚（左），高度赞扬江西"98抗洪"气象服务，指出夺得抗洪抢险胜利气象部门功不可没

2001年10月21日，副省长孙用和（前排左二）、中国气象局副局长李黄（前排左三）、省气象局党组书记、局长陈双溪（前排左一）等出席南昌多普勒雷达站竣工典礼

2002年1月8日，中国气象局党组书记、局长秦大河（前排左二），在省气象局党组书记、局长陈双溪（前排右一）等陪同下视察省气象影视中心

▲ 2003 年 3 月 7 日，副省长危朝安（前排左一）、省政协副主席黄懋衡（前排右一）出席 2003 年全省气象局局长会议，并在省气象局党组书记、局长陈双溪（前排左二）等陪同下考察气象现代化建设成果

▲ 2003 年 3 月 21 日，省政协主席钟起煌（前排左二）等在省气象局党组书记、局长陈双溪（前排右二）等陪同下，视察指导省气象局工作

2003 年 5 月 29 日，省 ▶
委副书记彭宏松（前排左
一）、副省长危朝安（右
四），在省气象局党组书
记、局长陈双溪（右二）
等陪同下，考察设在省气
象局的江西农村经济网的
建设

2005 年 10 月 18 日，中国气象局党组书记、局长 ▶
秦大河（右）在井冈山市气象局视察指导工作

2007 年 4 月 1 日，省长吴新雄（右）听取省气象 ▶
局党组书记、局长陈双溪（左）工作汇报

▲ 2007 年 9 月 6 日，中国气象局党组成员、副局长张文建（前排左二）在省气象局视察指导工作

▲ 2008 年 5 月 5 日，中国气象局党组书记、局长郑国光（前排右一）、副省长熊盛文（前排右二）在省气象局党组书记、局长常国刚（左二）等陪同下视察指导工作

▲ 2008 年 7 月 23 日，省人大常委会副主任胡振鹏在省气象局检查指导工作

▲ 2010 年 4 月 17 日，中国气象局党组副书记、副局长许小峰（右四），在省气象局党组书记、局长常国刚（右三）等陪同下，视察指导宜春市气象局工作

▲ 2010 年 11 月 28 日，中国气象局副局长宇如聪（左三）在省气象局党组书记、局长常国刚（左一）等陪同下视察指导工作

◀ 2011 年 3 月 29 日，省政协副主席胡幼桃（左二）在省气象局党组书记、局长常国刚（左一）等陪同下，视察指导省气象局工作

◀ 2011 年 6 月 10 日，省长鹿心社（前排左二）在省气象局党组书记、局长常国刚（前排左一）等陪同下，视察指导省气象局工作

▲ 2013 年 5 月 15 日，省政协副主席李华栋（右四）在省气象局党组书记、局长薛根元（右二）等陪同下调研指导工作

▲ 2015 年 3 月 2 日，副省长李炳军（右三）在省气象局党组书记、局长薛根元（右四）等陪同下，来到省防灾减灾科技中心，视察指导气象工作，要求进一步提升气象为民生、防灾减灾、农业和生态文明建设服务水平

▲ 2015 年 11 月 3 日，省政府党组成员尹建业（左二）在省气象局党组书记、局长薛根元（左一）等陪同下，来到省防灾减灾科技中心，视察指导气象工作

◀ 2015 年 11 月 25 日，省人大常委会副主任冯桃莲（中）率省人大农委部分委员考察指导气象工作

2016年4月28日，
省委书记强卫（左
二）慰问劳模，并对
气象工作做出重要
指示 ▶

2017年4月28日，
省长刘奇（右）慰
问省五一劳动奖章
获得者、省气象台
首席预报员张瑛 ▶

▲ 2018 年 1 月 27 日，副省长吴晓军（中）在省气象局党组书记、局长薛根元（前排左二）等陪同下，视察指导省气象局工作

▲ 2018 年 2 月 27 日，省气象局召开干部大会，中国气象局党组成员、副局长沈晓农（中）出席会议并作讲话

▲ 2018年4月5日，副省长胡强（前排中）在省气象局党组书记、局长詹丰兴（前排左二）等陪同下，视察指导汛期气象工作

▲ 2018年7月5日，中国气象局党组成员、副局长矫梅燕（前排右二）在省气象局党组书记、局长詹丰兴（左三）等陪同下，视察指导省气象局工作，并参观全省气象部门摄影作品展

▲ 2019 年 5 月 18 日，中国气象局党组成员、副局长于新文（右二）在省气象局党组书记、局长詹丰兴（右三）等陪同下，视察指导省气象局工作，就推进业务技术体制改革提出具体要求

▲ 2019 年 5 月 24 日，省委书记刘奇在省应急管理厅连线省气象局，调度指挥气象防灾减灾工作

▲ 2019 年 6 月 7 日，省长易炼红在省政府总值班室连线省气象局，要求做好气象预报预警工作

▲ 2019 年 6 月 21 日，中国气象局党组书记、局长刘雅鸣（左一）在省气象局党组书记、局长詹丰兴（右一）等陪同下，视察指导共青城市汛期气象服务工作

党的建设篇

回顾江西气象事业的发展历程，特别是党的十一届三中全会以来，江西气象部门认真贯彻党的路线、方针、政策，党的气象事业步入持续、健康、快速发展的新时期，取得了卓越的成就。1980年4月成立中共江西省气象局机关委员会，1990年6月更名为中共江西省气象局直属机关委员会至今，全省气象部门各级党组织围绕发展抓党建、抓好党建促发展，为推动气象事业科学发展发挥了重要作用。坚持把党的政治建设摆在首位，是党的十八大以来党的建设和组织工作的重大理论和实践成果。全省气象部门党建工作全面推进，党的建设更加扎实，理论武装更加强化，组织建设更加规范，作风建设更有成效，党员领导干部法纪意识明显增强。全省气象部门实现了基层党组织全覆盖。基层气象部门党组织按照省气象局党组提出的"政治业务深度融合、软硬实力同步提升"工作思路，以政治建设为统领，通过组织学习会、报告会、"三会一课"等多种方式传承江西红色基因、弘扬气象精神，推动政治与业务双融合、双促进，做到对基层气象部门干部职工学习全覆盖，实现了党建与业务同频共振，为高质量、跨越式发展提供组织保障和精神动力。

▲ 1982 年，全省气象部门思想政治工作经验交流会留念

◀ 中国气象局党组
成员、中央纪委
驻中国气象局纪
检组组长孙先健
在省气象局视察
指导工作

2005 年 2 月，南昌市气象局党员干部缅怀革命先烈，永葆党员先进性 ▶

▲ 2006 年，全省气象部门廉政文化作品展

◀ 2008 年，省内审协会领导到
省气象局调研工作

◀ 2010 年 4 月，省纪委宣教室
主任李泉新（右）给气象干
部职工作反腐倡廉报告

▼ 2010 年，全省气象部门审计
业务培训班

2010 年 6 月 29 日，▶
省气象局召开深入开展
创先争优活动动员大会

2011 年，全省气象工 ▶
作会议上签订党风廉政
建设责任书

2011 年，全省气象部 ▶
门党风廉政建设工作
会议

▲ 2012 年，全省气象部门审计业务培训班

▲ 2012 年，全省气象部门廉政风险防控工作现场推进会

▲ 2013 年，省气象局举办纪念建党 92 周年党课报告会

▲ 2013 年，省气象局处级以上干部参观省反腐倡廉教育馆

2014 年 5 月 6 日，中国气象局党组副书记、副局长许小峰在江西指导党的群众路线教育实践活动

2015 年 5 月 12 日，省气象局部署"三严三实"专题教育实施工作 ▶

2015年6月1日，抚州市气象局开展"三严三实"动员部署会及专题党课 ▶

2016年4月1日，省气象局召开"两学一做"学习教育、党风廉政宣传教育月活动动员部署会 ▶

▲ 2017 年 2 月 28 日，全省气象部门党建纪检工作会议在南昌召开

▲ 2017 年，赣东北区域气象部门党建纪检知识竞赛

◀ 省气象部门 2017 年重点工作推进会暨气象法治建设工作会议，落实全面从严治党主体责任集体约谈

◀ 2017 年 7 月 5 日，省气候中心党支部组织党员参观南昌西湖区纪委监察局党风廉政教育基地

▲ 2017 年 11 月 29 日，全省气象部门党的十九大精神学习研讨班在南昌开班，邀请党的十九大代表、全国优秀党务工作者、省工商行政管理局人事教育处处长杨莹为全省气象部门党员干部职工宣讲党的十九大精神

◀ 2018 年 1 月 22 日，新余市渝水区气象局组织全体党员在党员活动室开展"三会一课"

2018 年 6 月 4 日，省气象局直属机关党员学习贯彻习近平新时代中国特色社会主义思想和党的十九大精神培训班在南昌开班

2018 年 6 月 8 日，赣州市气象局组织全体在职党员、入党积极分子、科级以上干部参观市工青妇廉洁文创馆，开展党风廉政宣传教育活动

2018 年 7 月 5 日，宜春市气象局开展党员革命教育活动

2019 年 3 月 1 日，全 ▶
省气象部门全面从严治
党工作视频会在南昌
召开

▼ 2019 年 5 月 6 日，上饶、鹰潭、景德镇三地气象部门组织青年纪念五四运动 100 周年

2019 年 5 月，省气象局机关党员干部参观小平小道陈列馆

2019 年 5 月 30 日，省气象局组织部分领导和党员干部赴南昌 VR/AR 科技馆开展中心组和党支部学习活动

2019 年 6 月 17 日，省气象台全体党员在南昌市青山湖区廉政记忆馆进行"不忘初心、牢记使命"宣誓仪式

2019 年 6 月 ▶
26 日，上饶市
气象局全体党员
赴怀玉山清贫园
开展"不忘初
心、牢记使命"
主题教育活动

2019 年 7 月 3 ▶
日，省气象局机
关、直属单位处
级以上领导干部
前往方志敏烈士
墓开展传承红色
基因教育活动

2019 年 7 月 3 ▶
日，在省气象局
党组书记、局长
詹丰兴带领下，
省气象局机关、
直属单位处级以
上领导干部在方
志敏烈士雕像前
重温入党誓词

▲ 2019 年 7 月，全省气象部门"不忘初心、牢记使命"主题演讲比赛

▲ 2019 年 6 月 21 日，中国气象局党组书记、局长刘雅鸣（前排左一）在省气象局党组书记、局长詹丰兴（前排右一）等陪同下，调研指导共青城市气象局党建工作

▲ 九江市气象局建成党员活动室并积极开展学习活动

▲ 2019年7月25日，省气象灾害应急预警中心组织党员干部参观南昌新四军军部旧址

◀ 吉安市气象部门党员干部讲井冈山故事比赛

◀ 省气象科学研究所、省气象信息中心联合开展爱国主义教育活动

公共气象服务篇

　　全省气象部门始终把气象防灾减灾作为公共气象服务的首要任务，不断完善"党委领导、政府主导、部门联动、社会参与"的气象防灾减灾工作机制，坚持趋利和避害并举，发挥气象在防灾减灾救灾的"第一道防线"和"眼睛"的作用，为各级政府防御和减轻气象及相关灾害、服务生态文明建设等方面提供了科学依据。初步建成从广播、报纸、电话等服务手段到电视、短信、微信、微博等多种传播手段的智慧气象服务体系，气象服务覆盖面不断扩大。专业气象服务覆盖领域已从传统的农业、林业、水利等向生态文明保障、工业、能源、服务业、交通、电力、环境保护、旅游等行业延伸，服务领域不断拓宽。气象灾害造成的人员伤亡和经济损失都较以往大大降低，气象服务的社会效益和经济效益显著。

气象防灾减灾

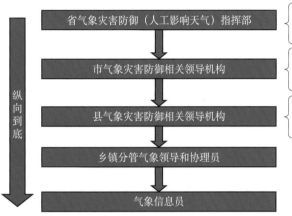

▶ 建立省、市、县气象灾害防御（人工影响天气）指挥部，乡镇有分管气象工作的领导和协理员，全省气象信息员行政村覆盖率达 100%，初步形成了机构明确、人员具备、职责清晰的基层气象灾害防御组织体系

▶ 省、市和 90% 的县出台气象灾害防御规划，90% 的乡镇印发气象灾害防御规划和气象灾害应急预案，76% 的行政村制订气象灾害应急行动计划，2630 个重点单位或村通过应急准备认证

▶ 2017 年 3 月 30 日，省气象灾害防御（人工影响天气）指挥部副总指挥、省气象局局长薛根元在 2017 年全省防汛工作电视电话会议上部署气象灾害防御工作

◀ 2018 年 1 月 28 日，省长刘奇（右二）出席省气象灾害防御（人工影响天气）指挥部低温雨雪冰冻天气防御会商会，总指挥、副省长吴晓军（右一）主持

▲ 2018 年 4 月 27 日，省气象灾害防御（人工影响天气）指挥部副总指挥、省气象局局长詹丰兴听取 2018 年全省第二次防汛及气象灾害防御检查情况汇报

▲ 2019 年 4 月 8 日，省气象灾害防御（人工影响天气）指挥部总指挥、副省长胡强主持召开首次省气象灾害防御（人工影响天气）指挥部暨省推进气象现代化建设领导小组全体成员会议

◀ 2019 年 6 月 5 日，省气象灾害防御（人工影响天气）指挥部召开气象灾害防御部门联络员会议，紧急部署即将开始的连续暴雨过程防范应对工作

① ② ③ ④ ⑤

① 1998 年特大洪水南昌市八一广场水淹情况

② 1998 年 8 月 7 日，九江大堤 4 号闸口溃决。封堵九江大堤决口，掀起了全国抗洪抢险的最高潮

③ 1998 年特大洪水给部分气象台站造成严重损失，瑞昌市气象局受淹长达 95 天。广大气象工作者克服各种困难，确保了各项工作的正常运行

④ 1998 年 8 月 17 日，中国气象局副局长刘英金（右二）率中国气象局慰问组在省气象局局长陈双溪（右三）等陪同下在江西慰问

⑤ 1998 年防汛期间，省气象局党组书记、局长陈双溪（右二），党组成员、局长助理黎健（左二）每天参加省气象台天气会商，决策把关

①		②
③		④
⑤		

① 1998 年防汛期间，省气象局党组成员、副局长毛道新（右三）代表省气象局慰问上饶地区受灾气象台干部职工，并在波阳县查看气象局负责的防城堤

② 1998 年防汛期间，省气象局党组成员、副局长李义源（左）代表省气象局赴鹰潭市慰问气象干部职工

③ 1998 年防汛期间，沿江濒湖地区的一些气象台站干部职工，在确保气象业务、服务正常运行的同时，还圆满完成了上堤抗洪的任务

④ 1998 年防汛期间，省气象局党组成员、局长助理黎健（中）代表省气象局赴九江部分气象台站检查、慰问，并到关系京九铁路安危的郭东圩了解情况

⑤ 1998 年防汛期间，气象专家们夜以继日地工作，牢牢把握风云变幻的脉搏

◀ 省气象局领导与
"98 抗洪"受表彰
人员合影

▲ 2003 年 8 月 9 日,新余市副市长李新华(前排左二)到市
气象局检查人工增雨作业准备情况

▲ 受强冷空气影响,2008 年初江西出现低温雨
雪冰冻天气,电力、农业严重受损

◀ 2008 年 1 月 25 日,南昌市气象局副局长、
新闻发言人、高级工程师戴熙敏(左)走进
南昌电视台,解读连续阴雨雪天气

▲ 2008年1月28日，省减灾委、省气象局及时组织电力、交通、铁路、通信、气象、农业、林业、国土资源、民政等部门专家召开持续低温阴雨（雪）和冰冻天气影响评估研讨会，专题研讨全省抗寒救灾措施，形成专题报告呈送省政府领导供指挥部署决策参考

◀ 2010年6月19日，余江县遭遇特大暴雨袭击，县气象局被洪水围困，气象业务人员克服困难，涉水进行观测

◀ 2010年6月下旬，连续暴雨造成江西抚河唱凯堤决口，所护10万亩农田几乎全部被冲毁

▲ 2010 年 6 月 21 日，受连续暴雨影响，鹰潭市境内的铁路、高速公路和国道全面中断

▲ 2010 年 6 月 22 日，从余江灾区返回不到 20 小时的 X 波段移动雷达，紧急赶赴抚州市临川区唱凯堤段灾区

◄ 2010 年 6 月 24 日，省气象局党组成员、副局长李集明冒雨来到设在唱凯、罗针附近的气象应急监测点，检查指导抗洪救灾气象服务工作

▼ 2010 年 8 月 9 日，为感谢抚州市气象局在 2010 年 6 月 21 日抚河唱凯堤决堤救援工作中做出的突出贡献，临川区委、区政府领导向抚州市气象局赠送锦旗

▲ 2012 年 8 月 8 日，上饶市气象局领导带班，全力迎战台风"海葵"

▲ 2010 年"全国防汛抗旱先进集体"奖牌及证书

▲ 2007 年"全国防汛抗旱先进集体"奖牌及证书

◀ 2008 年省气象台获"抗冰救灾先进集体"奖牌

▲ 2016 年 11 月 20 日，省、市联动保障首届南昌国际马拉松赛成功举办

▼ 2017 年 11 月 12 日，省大气探测技术中心为南昌国际马拉松赛提供气象保障服务

◀ 2019 年 2 月 3 日，省、市天气会商，
分析央视春晚分会场天气形势

◀ 2019 年 2 月 4 日，省委常委、宣传部
部长施小琳（前排左一）和副省长吴忠
琼（前排右一）盛赞央视春晚井冈山分
会场气象服务保障工作

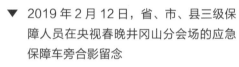

▼ 2019 年 2 月 12 日，省、市、县三级保
障人员在央视春晚井冈山分会场的应急
保障车旁合影留念

在全省组建的突发事件预警信息发布中心，作为各级政府权威、统一的突发事件预警信息发布机构，负责各类突发事件预警信息的发布工作

公众气象服务

▲ 1996 年 7 月 1 日，气象主持人第一次主持天气预报节目

▲ 1997 年，中国气象局气象播音员赵红艳（左三）与江西气象播音员合影

▲ 1998 年，气象科普专业预报主持人出镜

▲ 1998 年，旅游天气预报与观众见面

◀ 1998 年开通的"12121"天气热线是江西省查询天气信息的专用电话服务号

2011 年，江西省开展农村大喇叭和电子显示屏建设，图为萍乡市气象大喇叭 ▶

抚州市电子显示屏 ▶

省气象局嘉宾做客今视网直播间 ▶

▲ 省气象局嘉宾做客新华网

▲ 《政风行风热线》直播室

◀ 省气象局专家做客江报直播室

▲ 2012 年开通"江西气象"官方微博，2013 年开通"江西天气"微信公众号

◀ "气象大咖"受邀做客南昌广播电视台融媒体直播间《我们的生活更美好》世界气象日特别访谈节目

◀ 2018 年 9 月 28 日，国庆假期天气新闻发布会上赣州电视台记者现场采访天气预报员

▼ 2010—2018 年江西省公众气象服务满意度得分

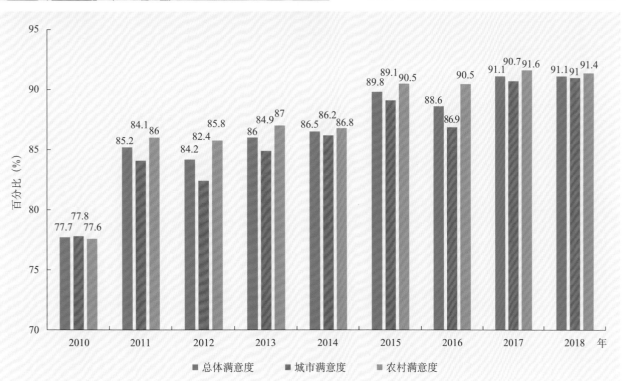

■ 总体满意度　■ 城市满意度　■ 农村满意度

气象助力乡村振兴

2010 年中央一号文件提出，要健全农业气象服务体系和农村气象灾害防御体系，充分发挥气象为"三农"服务的重要作用，拉开"三农"服务专项建设帷幕。

◀ 2002 年 7 月 25 日，江西农经网发展战略研讨会在省气象局召开

◀ 全省气象为新农村建设服务暨农业气象业务建设专题会议

▼ 省政协"农业气象服务体系、农村气象灾害防御体系建设情况"专题调研座谈会

▲ 2013 年，省气象局与省农业厅联合召开农业气象服务工作座谈会

▲ 2015 年 6 月 2 日，省政协人口资源环境委员会组织部分省政协委员、气象和农业专家，开展气象保障粮食生产安全情况专题调研，为政府决策建言献策

◀ 2015 年，秉持"互联网＋气象＋农业"的理念，打造"江西微农"并对接联通"12316""三农"综合信息服务平台，实现信息化服务从"传统型"向"智慧型"转变

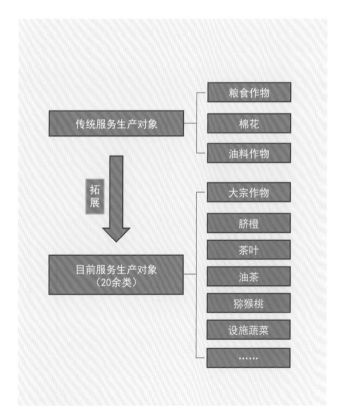

▲ 服务生产对象由传统的粮、棉、油等大宗作物拓展到目前优质稻、脐橙、茶叶、油茶等 20 余类地方特色、优势农产品

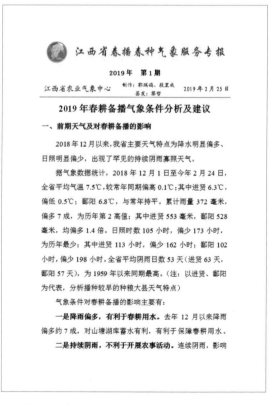

▲ 每年发布气象保障粮食生产服务产品 2000 余期

▲ 深入种植大户开展农业气象服务

▲ 2010年3月10日，抚州市气象局专家深入资溪县开展白茶气象服务调查

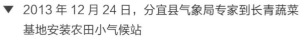

◀ 2012年3月31日，分宜县气象局农业气象专家在大棚开展"三农"气象服务

▼ 2013年12月24日，分宜县气象局专家到长青蔬菜基地安装农田小气候站

① 2014 年 3 月 26 日，宜春市气象局专家为种植大户提供农业气象服务

② 2015 年 7 月 13 日，渝水区气象局联合水北镇农业办专家到茶场开展气象为农服务

③ 2018 年 3 月 14 日，宜春市气象局专家开展农业气象灾害调查

④ 2018 年 5 月，鹰潭市气象工作志愿者深入田间地头，助力精准扶贫，帮助农民插秧

⑤ 2019 年 3 月 3 日，抚州市及临川区气象专家深入临川区秋溪镇联合开展油菜长势与气象服务调查

⑥ 2019 年 3 月 6 日，赣州市气象局农业气象人员在龙南县渡江镇莲塘村现代农业园开展阴雨寡照天气对蔬菜影响的调研

①	②
③	④
⑤	⑥

① 2019 年 3 月 19 日，新余市气象局联合市科协、渝水区气象局到渝水区下村镇乐意特色农业开发有限公司火龙果基地开展气象服务

② 2019 年 3 月 26 日，景德镇市气象局组织专家走访浮梁县茶园

③省农业气象中心开展柑橘调查与服务

④安义县气象局开展农业气象服务

⑤上饶市气象局组织专家深入玉山县西瓜种植大户开展气象服务

⑥ 2018 年，省气象局与省农业厅等部门联合开展全省农业送科技下乡集中示范服务活动，副省长胡强视察气象展台

①	②
③	④
⑤	⑥

江西省赣州市气象局文件

赣市气发[2015]43号

关于下发《赣州市农产品气候品质认证工作管理办法》（试行）的通知

各"三农"实施县局、市气象台：

为做好我市优质特色农产品气候品质论证工作，确保农产品气候品质认证工作的科学性和规范性，根据省局目标考核要求和我市实际情况，市局研究制定了《赣州市农产品气候品质认证工作管理办法》（试行），现下发给你们，请各单位和认证小组成员按照任务分工和工作要求做好相关工作。

赣州市气象局
2015年8月13日

赣州市农产品气候品质认证工作管理办法(试行)

第一章 总则

第一条 为推进全市气象为农特色服务工作，确保农产品气候品质认证工作的科学性和规范性，特制定本办法。

第二条 农产品气候品质认证是指为天气气候对农产品品质影响的优劣等级做评定。

第三条 申请开展气候品质认证的农产品必须是来源于认证区域内的农业的初级产品。同时应当符合下列条件：

(一) 产品具有独特的品质特性或者特定的生产方式；
(二) 产品品质特色主要取决于独特的自然生态环境、气候条件；
(三) 产品具有一定规模并在限定的生产区域范围；
(四) 产地环境、产品质量符合国家强制性技术规范要求。

第四条 农产品气候品质认证由农产的所有人或所有单位（公司）法人向当地气象局提出书面申请。未设气象机构的县（市、区），可向市气象局申请，也可向市气象局委托的邻近县（市、区）气象局申请。

第五条 农产品气候品质认证工作由具备省级气候可行性论证资质的机构牵头组织实施。

第二章 职责分工

QH-2015 360322 001 T

▲ 全省推出 10 余种农产品 77 项气候品质评价服务，如萍乡针对优质稻、赣州针对脐橙、鹰潭针对早熟梨，分别探索了气候品质评价服务工作，开展特色农作物气象服务

▲ 九江市气象局联合市农业农村局、市扶贫办等部门共推特色农产品气候品质评价工作，省、市、县联合颁发了瑞昌市优质稻米气候品质标志

▲ 全省共建气象信息服务站 1801
个，联合农业部门推行"一站式"
服务和智慧农业气象服务

▲ 2014 年 7 月，省气象科技服务中心人员拍摄"三农"气象服务现状

◀ 2015 年 4 月 13
日，新余市渝水
区气象局技术人
员维修农田小气
候站

◀ 推进智慧农业气
象大数据建设，
完成全省乡镇气
象工作平台建设

▲ 2015年，正式组建江西省农业气象中心地方机构，成立11个市级分中心，组建全国柑橘气象服务中心，遴选脐橙、棉油、油茶、茶叶、蔬菜5个省级特色农产品气象中心

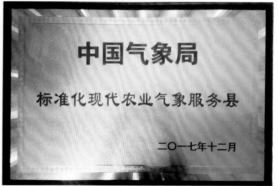

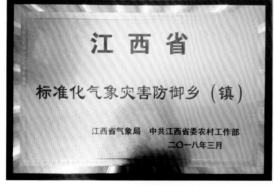

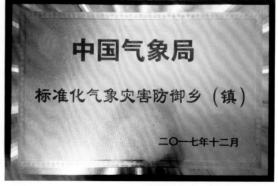

▲ 截至2018年底，创建国家级标准化现代农业气象服务县9个、省级39个，覆盖全省42%的县（市、区）；创建国家级标准化气象灾害防御乡（镇）66个、省级593个，覆盖44%的乡（镇）

▲ 2012—2017 年气象为农服务专项建设投入产出比逐年增大

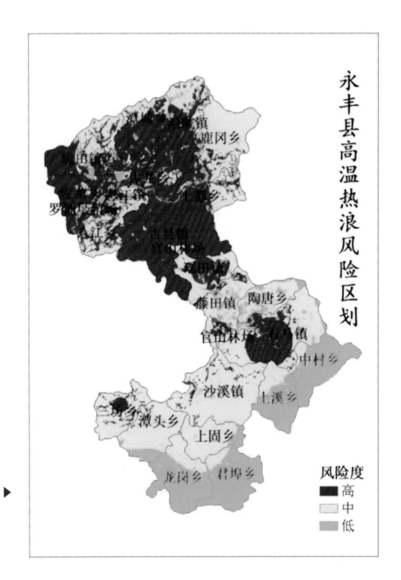

完成全省 56 条中小河流、1033 条山洪沟、▶
10079 个泥石流和滑坡地质灾害隐患点的灾
害风险普查工作,79 个县编制完成气象灾害
风险区划和农业气象灾害风险区划

◀ 2018 年，面向全省气象部门 100 余名扶贫干部开展培训，邀请省扶贫办领导、省气象局领导讲授扶贫政策和纪律

◀ 2019 年，召开省气象局党组会，学习中央有关精神，审议省气象局定点扶贫三年发展规划、2019 年工作计划和 2019 年资金投入

◀ 2016 年 7 月 15 日，吉安市气象局专家深入扶贫村——井冈山市东上村扶贫产业项目养鹅基地查看鹅苗生产情况

▲ 2018 年 3 月 8 日，省气象局党组书记、局长詹丰兴（右二）视察赣州市会昌县右水乡田丰村产业园

▲ 2018 年 6 月 8 日，省气象局党组书记、局长詹丰兴（右二）在赣州市会昌县右水乡田丰村视察光伏发电基地

▲ 田丰村冬菜加工基地

▲ 田丰村蔬菜种植基地

▲ 田丰村光伏发电基地。帮扶带动田丰村集体产业呈现光伏发电、蔬菜种植、冬菜加工同步发展的良好态势

◀ 2018 年 6 月 29 日，新余市气象局组织全体党员参观调研市气象局精准扶贫村产业基地——猕猴桃和西瓜基地，结合气象专业知识，为种植户建言献策，提供有针对性的气象服务

▲ 2019 年 1 月 22 日，全省气象局长会议创新推介扶贫点农特产品，省气象局党组书记、局长詹丰兴（右二）及其他局领导来到展位前，详细询问产品以及各级气象部门帮扶情况

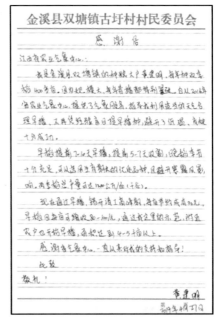

▲ 在金溪县推广水稻早春气候资源开发利用适用技术，实现早播早稻每亩增产 10%，亩产增收达 100 元以上，并带动周边贫困户生产增收

▲ 2019 年，省气象局领导到扶贫点走访、调研、慰问，研究和解决扶贫工作中的困难和问题

▲ 在赣州市于都县服务梓山富硒蔬菜产业园（2019 年 5 月 20 日习近平同志视察点）建设与发展，在赣州铭宸蔬菜科技产业园（全省规模最大的蔬菜产业种植基地）开展特色农业产业发展气象保障服务

生态气象保障

2016 年，省气象局参与江西省生态文明先行示范区建设，编制印发《江西省生态文明先行示范区建设气象保障行动方案（2016—2020 年）》，启动十项气象保障行动 ▶

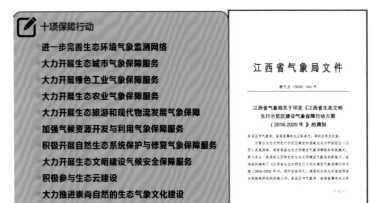

十项保障行动

进一步完善生态环境气象监测网络
大力开展生态城市气象保障服务
大力开展绿色工业气象保障服务
大力开展生态农业气象保障服务
大力开展生态旅游和现代物流发展气象保障
加强气候资源开发与利用气象保障服务
积极开展自然生态系统保护与修复气象保障服务
大力开展生态文明建设气候安全保障服务
积极参与生态云建设
大力推进崇尚自然的生态气象文化建设

江西省气象局文件

◀ 2016—2019 年，受省发改委委托，省气候中心参加江西企业碳排放核查工作

宜春市靖安县气溶胶激光雷达，助力重污染天气的监测与应对 ▶

◆中国气象局批复《国家生态文明试验区（江西）气象保障服务试点方案》，并联合省生态文明办印发试点方案。

具体目标

1. 典型生态气象观测样板
2. 重点生态领域气象保障服务样板
3. 生态文明气象服务体制机制创新样板
4. 生态气象政策法规制度样板

重点任务

生态文明建设气象保障业务服务体系 | 生态文明建设科技人才支撑体系 | 生态气象服务体制机制 | 生态气象政策法规体系 | 气象生态文化体系

五大体系建设

▲ 2017 年底至 2018 年初，完成大气温室气体观测站网一期工程建设，在南昌、赣州、景德镇站开展大气 CO_2、CH_4、CO 的高精度在线观测

▲ 生态气象体系建设

◆ **生态文明建设气象服务工程列入《江西省国民经济和社会发展第十三个五年规划纲要》**

□ 2017 年 10 月工程可研通过评审，2018 年 9 月获批复；
□ 首批省级财政投资预算 1300 万元。

◆ **国家生态文明试验区建设年度工作要点，连续 4 年将气象相关工作纳入其中**

□ 2018 年气象部门牵头负责 2 项，配合参与 7 项；
□ 2017 年气象部门牵头负责 1 项，配合参与 6 项；
□ 2016 年气象部门牵头负责 3 项，配合参与 4 项；
□ 2015 年气象部门牵头负责 4 项，配合参与 4 项；

▲ 生态文明试验区工作要点

◆ **省气象局党组高度重视生态文明建设气象保障工作，多次在重要会议或召开专题会议研讨、部署有关工作。**

2017 年 11 月召开党的十九大精神学习研讨班暨全省生态文明建设气象保障服务发展研讨会，专题研讨工作思路和发展方向

2018 年 8 月全省气象部门 2018 年重点工作推进会议，确定要以生态文明建设气象保障为特色推进气象现代化建设

2018 年两次召开省气象局生态文明建设气象保障工作领导小组会，研讨工作目标和重点任务

▲ 为生态文明建设决策提供气象保障

森林：靖安森林生态气象观测基地，包括基本气象要素、空气质量观测，林内地表径流、以及二氧化碳、甲烷、水汽、显热等通量观测等。

森林：井冈山森林防火示范基地，联合省防火办建成，实现"五个一"，即：一个背景、一张图、一个基地、一个平台、一套制度。

农田：依托南昌农试站和 6 个农业气象观测站，建成"1+6"稻田生态气象观测网，开展水稻常规、土壤肥力和水稻品质等生态项目的观测。

1+6 布局

稻田小气候、实景观测系统

▲ 生态系统监测

◆ **参与生态红线划定和审核**

- 进入省生态保护红线领导小组;
- 参与江西省生态保护红线校核调整完善工作;
- 参与生态保护红线技术审查;
- 完成生态保护红线划定。

◆ **牵头森林、湿地、流域、碳汇等重点生态领域功能价值试评估,完成综合评估报告。**

▲ 气象参与全省生态文明建设工作

◆ **全域旅游气象行动取得实效**

- 成功举办江西首届"寻找避暑旅游目的地"活动,12个景区(乡镇)入选,获权威媒体广泛关注和报道;
- 指导婺源、上犹、龙虎山景区等8地成功申报"中国天然氧吧";
- 在婺源、井冈山、庐山等景区推出油菜花、杜鹃花期预报以及雾凇、积雪等特色景观预报;
- 井冈山红色旅游气象服务系统和井冈山红色旅游小程序投入服务应用。

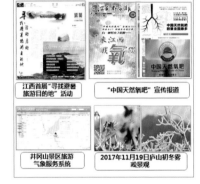

▲ 全域旅游气象行动取得实效

◆ **绿色生态农业调优升级气象服务彰显特色**

- 柑橘气象服务中心获批全国首批特色农业气象服务中心,联合省农业厅共同推进中心建设,初步形成辐射带动和服务能力;
- 完成信丰脐橙气象试验与技术推广示范基地基础设施建设;
- 推出雷达国稻米、赣南脐橙等气候品质评价,有效提高农产品附加值。

◆ **生态型人工影响天气效益显著**

与省生态文明办、发改委、防火办建立了生态型人工影响天气工作机制,推动人影作业从季节性向全年常态化、从单一减灾型向趋利避害综合型转型发展。

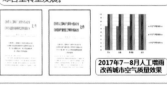

▲ 生态农业气象服务彰显特色

▲ 开展大气扩散条件现场观测

▲ 2007年3月21日,省人民政府新闻办公室、省气象局联合召开"科学认知与应对气候变化"新闻发布会

省气候中心申报的《鄱阳湖区社会性别适应气候变化平等性研究》获联合国妇女署批准。2013年11月6日,省气候中心在九江市湖口县开展培训 ▶

◀ 2017 年 5 月 14 日，景德镇市气象局专家调研负氧离子生态观测点

▲ 2017 年 5 月 23—27 日，"绿镜头·发现中国"系列采访活动走进江西，宣传气象保障在国家生态文明试验区建设中取得的成果

2018 年 3 月 21 日，省气象局联合 ▶
省生态文明办举办首届国家生态文
明试验区气象保障服务论坛，中国
工程院院士李泽椿应邀阐述生态环
境中的气象工作

2018 年 6 月 19—24 日，"绿镜头·发 ▶
现中国"系列采访活动第三次走进
江西，宣传江西"两区"精准扶贫
攻坚战中取得的成果以及生态文明
建设成果

▲ 2018 年 7 月 9 日，省气象局党组书记、局长詹丰兴（左二）参加"绿色低碳可持续发展圆桌论坛"

▲ 2018 年 8 月 28 日，上饶市首个茶叶生态气象观测站在婺源县段莘乡段莘村五龙山有机茶园建成，开展生态气象观测

▲ 2018 年 9 月 12 日，省气象局举办第三期江西气象大学习讲堂。中国气象局原党组副书记、副局长许小峰（左）应邀作题为《生态文明建设和生态气象》的专题讲座

经省委人才工作领导小组办公
室、省科协批准同意省生态气
象中心设立院士工作站，省气
象局联合中国气象科学研究院
共建生态气象创新中心 ▶

▲ 2018 年 11 月 1 日，全国生态文明建设气象保障服务工作推进会在宜春市靖安县召开

▲ 2018 年 11 月 1 日，中国气象局党组书记、局长刘雅鸣（前排右二）及全国生态文明建设气象保障服务工作推进会与会嘉宾观摩江西省森林生态气象观测试验基地（宜春市靖安县）

▲ 2019 年 6 月 19 日，中瑞－中国适应气候变化项目（ACCC 二期）完工大会在南昌召开

▲ 中国气象局批复《国家生态文明试验区（江西）气象保障服务试点方案》

行业气象服务

▲ 1998 年，省气象科技服务中心人员走访专业气象服务行业用户

▲ 2013 年 10 月 16 日，江西第一批交通气象示范站（大广高速）业务验收

▲ 2017 年 1 月 3 日，江西铁路气象服务应急平台获得首届全国气象服务创新大赛奖项

▲ 2017 年 5 月 17 日，企业向新余市渝水区气象局赠送锦旗

▲ 2018 年 11 月，首届江西避暑旅游目的地发布会现场

▲ 航运海事气象防灾减灾救灾工作合作协议签订仪式

萍乡市气象局与萍乡铁塔公司签订区域自动站代维项 ▶
目合同

2019 年 7 月 12 日，省气象服务中心专业气象预报 ▶
员暴雨过后现场开展烟草气象服务

▼ 2019 年 8 月 6 日，省气象服务中心联合九江市气
象局、水利局在修水县进行中小水电智慧气象服务
培训交流

人工影响天气

▲ 1986 年，民兵使用三七高炮开展人工增雨作业

▲ 人工影响天气（以下简称人影）作业三七高炮

◀ 2003 年 8 月 6 日，抚州市委副书记、市长钟际跃在资溪县人工增雨作业现场观摩指导

◀ 2005 年 10 月 13 日，人工增雨森林防火应急演练现场

◀ 2007 年 8 月 3 日，景德镇市委常委、宣传部部长占勇视察市气象局并查看人工增雨装备

◀ 2010 年，赣州欢送部队飞机人工增雨机组人员返程

▲ 2011 年，遂川县气象局开展人影作业应急演练

▲ 2012 年 11 月，为保障 2012 年脐橙节开幕式顺利进行，赣州市气象局组织人员在上犹县开展人影作业。图为工作人员调试设备

▲ 2017 年 8 月 3 日，鹰潭市气象局在枫林湾水库作业点开展生态型人影作业

▲ 2018 年 4 月 13 日，吉安市气象局开展人影作业演练

▲ 2018 年 10 月，省人影办工作人员向赣州市气象局工作人员讲解飞机人工增雨作业新设备

▲ 九江市德安县气象局现代化火箭发射系统

▲ 南昌市气象局开展人影火箭弹作业

综合减灾

▲ 1996 年 10 月，省减灾协会成立暨国际减灾日纪念大会

▲ 2002 年 3 月 13 日，省减灾委员会在省气象局挂牌。图为副省长、省减灾委员会副主任孙用和（左三）为省减灾委员会揭牌，省减灾委员会秘书长、省气象局党组书记、局长陈双溪（左二）接牌

▲ 2005 年，召开年度自然灾害发生趋势预测分析会议，形成呈阅件报省委省政府部署防灾减灾决策参考

▲ 江西省减灾网站是全国首家地方政府综合减灾网站

▲ 2005年3月28日，由省委组织部、省减灾委员会联合举办的首届全省领导干部减灾管理研讨班开班，参加学员为各设区市政府分管市长（减灾委主任）、部分县政府分管县长（减灾委主任）以及各设区市减灾委办公室主任。前排中为常务副省长、减灾委主任吴新雄

现代气象业务篇

　　截至 2019 年 8 月，江西省共建有 93 个国家级地面气象观测站，2452 个区域自动气象站，2 个高空观测站，8 个新一代天气雷达站，3 个风廓线雷达站，13 个 $PM_{2.5}$ 站，1 个黑碳气溶胶站，12 个酸雨观测站，22 个自动负离子站，12 个紫外辐射站，63 个 GNSS/MET 站，3 个温室气体站，52 个自动土壤水分站，18 个农业气象站，12 个二维雷电站，16 个三维闪电站；建成高山指标站及武夷山脉断面观测站、靖安森林生态观测站、武功山高山草甸生态监测站、鄱阳湖南矶山湿地观测站、南昌城市生态观测站（城市内涝积水、紫外线、城市梯度风、多下垫面温度观测、近地层通量）、南昌农田生态气象观测站、风云三号气象卫星地面接收站、风云四号气象卫星地面接收站；全面建成地面、高空、空间天气无缝隙多层观测系统。

综合气象观测

▶ 国家级地面气象观测场（站）、仪器设备

▲ 1954 年庐山气象站

▲ 1956 年贵溪县气象站观测场

◀ 新余市气象局观测场

◀ 1963 年樟树市气象局及观测场

黄洋界气象站观测场 ▶

20 世纪 80 年代 ▶
南昌市气象局和
南昌气象学校观
测场

1983 年南城国 ▶
家基准气候站

▲ 1997 年南城国家基准气候站

▲ 2018 年南城国家基准气候站

2010 年浮梁县气象局 ▶
观测场

都昌县气象局观测场 ▶

定南县气象局观测场 ▶

庐山市（原星子县）气象 ▶
局观测场

2009 年 10 月自动站单 ▶
轨业务运行之前观测场
内均有 3 个百叶箱

▲　百叶箱内部仪器

▲　百叶箱内毛发湿度计和双金属温度计

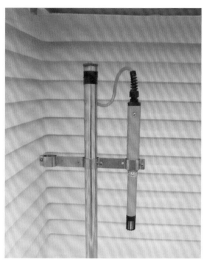

▲　实行单套自动观测后百叶箱内部仪器

▲　实行自动观测后百叶箱内部仪器

▲　1949—1953 年使用的轻便风速表（遂川）

▲ 1966 年开始使用的电接风向风速计

▲ 2015 年双套自动站风向、风速传感器同装在一个风塔上

▲ 新中国成立前后使用的空盒气压表
（遂川）

▲ 动槽式水银气压表

▲ 自记式气压计

▲ 维萨拉 PTB220 型气压传感器内部

▲ 当今使用的自动站气压传感器

▲ 称重式雨量传感器（右侧）

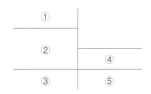

① 20 厘米口径雨量筒（白色附着物为霜）

② 20 厘米口径自动遥测雨量传感器

③浅层地温场（深度 0 ～ 20 厘米）

④地表和地表最高、最低温度观测（表上附着物为霜）

⑤深层地温观测（深度 40 ～ 320 厘米）

◀ 暗筒式日照计（白色附着物为霜）

▲ 1963 年老式大型蒸发测针（遂川）　　　▲ 2000 年大型人工蒸发测针（遂川）

▲ 当今使用的自动大型蒸发传感器

▲ 20 厘米口径小型蒸发皿

▲ 能见度自动观测仪

◀ 浮梁县气象局天气现象自
动观测仪

◀ 辐射观测

▶ 雷达观测网

▲ 江西省在南昌市建成的首部多普勒雷达　　▲ 吉安市气象局多普勒雷达　　▲ 宜春市气象局多普勒雷达

▲ 庐山仰天坪新一代多普勒雷达　　▲ 抚州市气象局新一代多普勒雷达

▲　上饶市气象局多普勒雷达

▲　浮梁县气象局多普勒雷达

▲　赣州市马祖岩天气雷达

▲　浮梁县气象局风廓线雷达

▶ 探空观测

▲ 20 世纪 70 年代以前使用的化学制氢钢瓶
　（赣县气象局）

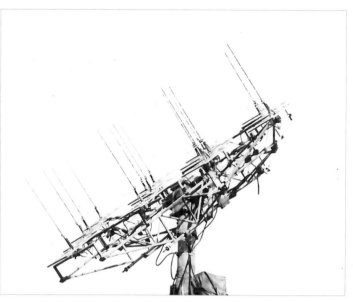

▲ 南昌探空雷达

▼ 赣县气象局高空探测雷达

▶ 区域自动气象站网

◀ 乐平市城市六要素区域自动气象站

◀ 萍乡市武功山风景名胜区六要素区域自动气象站

▼ 吉安市校园六要素区域自动气象站

◀ 井冈山市森林防火
六要素区域自动气
象站

◀ 浮梁县茶叶种植基
地六要素区域自动
气象站

◀ 浮梁县经公桥镇鸦桥村山洪地质灾害单雨量站

▶ 生态气象观测网

①	
②	③
④	⑤

① 1983 年，省气象科学研究所人员在浮梁县鹅湖乡开展气候考察

②气象科技人员用三杯轻便测风仪在河流旁测量风速

③气象科技人员用三杯轻便测风仪在茶园测量风速

④气象科技人员用阿斯曼通风干湿表在农田观测

⑤气象科技人员在农田观测地温

▲ 2011 年，江西省建成首个农田小气候自动气象站　　▲ 2011 年，江西省建成首个大棚蔬菜自动气象站　　▲ 上饶市大气负氧离子监测系统

▲ 南昌市建成国内首个稻田生态监测站　　▲ 南昌市气象局温室气体监测站

▶ GPS/MET 水汽观测站

▲ 南昌市 GPS 基准站

▲ 景德镇市 GPS 基准站

▲ 景德镇市升级后的 GPS 基准站

▶ 大气电场观测

▲ 井冈山国家级自然保护区大气电场仪

▶ 雷电观测

▲ 景德镇市闪电定位观测站

▶ 酸雨观测

▲ 景德镇市酸雨观测人工采样桶

▶ 内涝监测

▲ 南昌市内涝监测仪器

▶ **风能监测**

◀ 南昌市梯度风观测塔

▶ **人工观测**

▲ 20 世纪 80 年代地面气象观测员用算盘换算观测数据（分宜县气象局）

▲ 贵溪市气象局观测员开展集体观测

气象预报预测

江西省初步建成无缝隙、精细化的智能网格预报业务体系，实现省级在 0 ～ 12 小时短期、0 ～ 10 天中短期、11 ～ 30 天延伸期由站点预报全面调整为网格预报，并协同拼接到全省预报"一张网"。初步构建了从 0 ～ 24 小时内时间分辨率逐 1 小时、24 小时到 10 天逐 3 小时、空间分辨率 5 千米的网格预报产品体系，建立相应的主客观网格预报产品制作业务。

▶ 天气预报

◀ 用天气图会商天气

◀ 1989 年 4 月，抚州地区气象台预报员在分析天气图

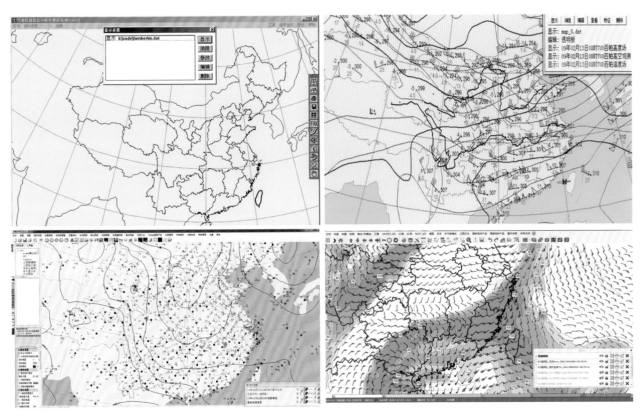

▲ 从 MICAPS1 到 MICAPS4

余江县气象局预报平台 ▶

▲ 2018 年，省气象台"玛莉亚"台风应急响应追风值班

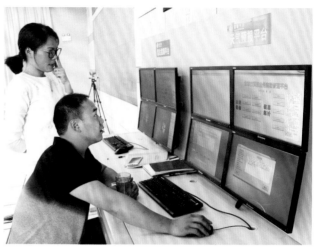

▲ 宜春市气象台预报员在工作平台前分析天气资料

▲ 2019 年 6 月 13 日，省气象台首席预报员现场指导赣州市气象局播报暴雨过程，其间预报员在会商讨论分析天气

▲ 预报员充分利用气象现代化平台，组织人员进行紧急会商

◀ 景德镇市气象局与萍乡市气象局预报业务人员开展业务交流

▶ 预报预警平台

▲ 1998 年省专业服务气象台

▲ 省气象局电视制作中心平台

▲ 省气象局电视制作中心平台

▲ 安福县气象台预报平台

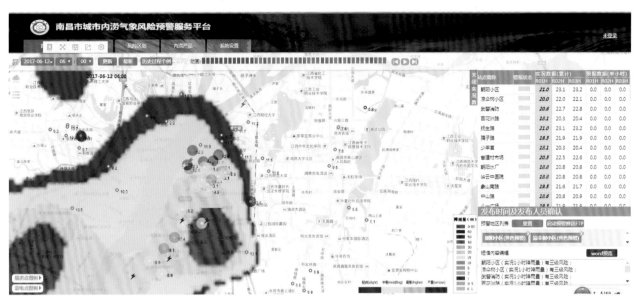

▲ 南昌市城市内涝气象风险预警服务平台

▶ 预测业务

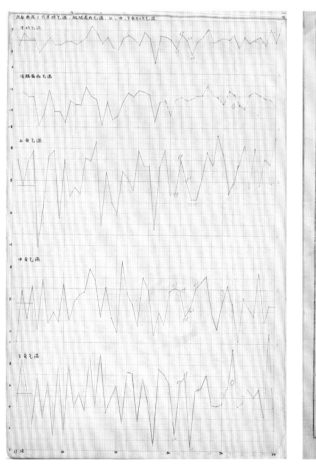

▲ 1957—2000 年南昌市 1 月平均气温、极端最低
气温及上、中、下旬平均气温曲线图

▲ 1986 年雨量及距平百分率

▲ 历史气候资料

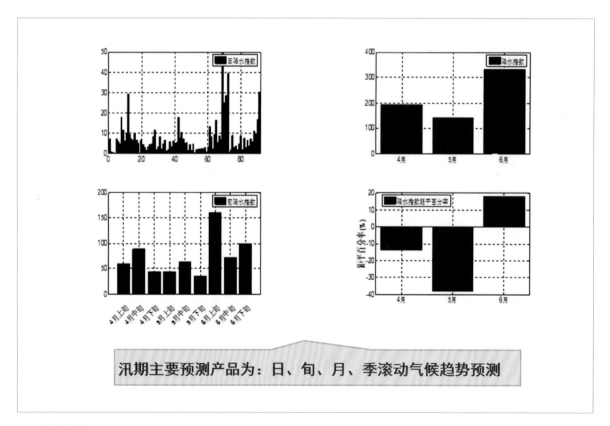

汛期主要预测产品为：日、旬、月、季滚动气候趋势预测

▲ 预测产品

气象信息系统

　　随着气象信息系统的发展，气象台站气象信息系统经历了从人工到自动、从低速到高速、从单一传输到综合应用、从通信系统向信息系统的发展历程。综合观测、预报预测、气象服务等各类相关业务系统依托广域网运行，气象信息网络承载的数据已由早期单一的天气电报收发，扩展为对气象部门业务、服务、管理等几乎所有工作领域的信息支撑，气象信息系统的通信传输能力、数据处理能力、资料管理和服务能力得到了极大的提升。

▶ 通信系统

▶ 莫尔斯电码

▶ 电传

▲　无线电抄收气象数据（莫尔斯通信使用至 20
　　世纪 80 年代）

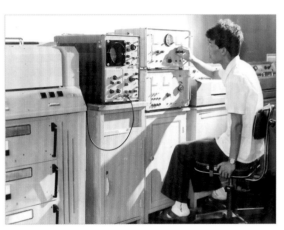

▲　省气象台通信机房

▲　用电传打字机发送气象电报

▲　20 世纪 70、80 年代萍乡市气象局的通信
　　机房

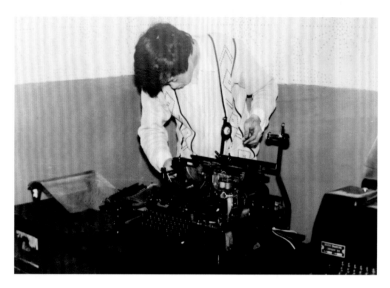

◀ D55 型电传打字机是 20 世纪 80 年代吉安市气象台站获取气象数据的主要通信设备之一，图为机务员正在维修 D55 型电传打字机

▶ 传真

▲ 接收传真机天气图

▲ 20 世纪 80 年代景德镇市气象局气象传真机接收文件

▶ Novell 网络

◀ 20 世纪 90 年代初期，通过程控电话拨号等方式，气象台站微机可远程接入省级计算机网络

▶ 卫星通信

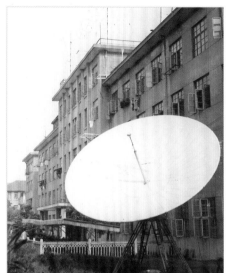

▲ 气象卫星数据接收设备

▲ 1996 年，气象技术人员安装"9210"设备

▲ "9210"设备中的气象数据单项广播接收系统（PCVSAT）于 2005 年升级为 DVB-S，于 2008 年再次升级为 CMACast

◀ 2016 年 6 月 8 日，风云三号气象卫星地面接收站在九江市柴桑区气象局建成

▼ 2018 年 8 月 16 日，江西省首个风云四号气象卫星地面接收站

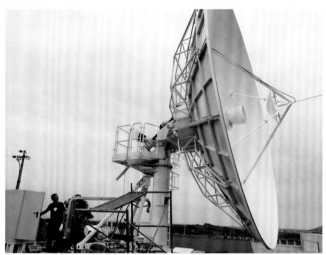

▶ 广域网与局域网

▲ 2006 年，建立了国－省 SDH 专线系统，2008 年升级为 MPLS VPN

▲ 2018 年 1 月，九江市气象局实施广域网升级改造

▶ 计算机系统

▶ PC1500 袖珍计算机

◀ 1986 年，PC1500 袖珍计算机处理气象数据

▶ 微机

▲ 省气象局用作孔机存储气象数据资料

▲ 2000 年，在 586 计算机上展示气象信息

▶ 高性能计算机

◀ 神威高性能计算平台

2008 年，省气象局建
成曙光高性能计算机，
系统峰值运算速度达到
30TFLOPS ▶

▶ 信息保障系统

▶ 天气预报视频会商系统

▲ 2004 年，建立国－省级标清天气预报视频会商系统

▲ 2006 年，数字大屏显示天气预报视频会商系统首次投入应用

▲ 2015 年投入使用的江西省气象局天气预报视频会商系统

▲ 2018 年，完成全省天气预报高清（1080P）视频会商系统升级改造

▶ 高标准机房

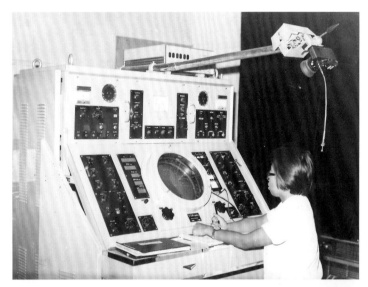

◀ 省气象台雷达
机房

◀ 1995 年，新建省级
通信机房，面积约
70 平方米

◀ 2005 年，对省级通信
机房进行扩容，改造后
面积达 150 平方米

▲ 2010 年，根据业务需要，新建 CIMISS 业务机房，面积约 80 平方米

▲ 2015 年，建成省级高标准机房，面积达 270 平方米，包含机房网络配线、供配电、接地、制冷、监控等场地环境系统

◀ 江西省气象综合业务实时监控系统（天镜）1

◀ 江西省气象综合业务实时监控系统（天镜）2

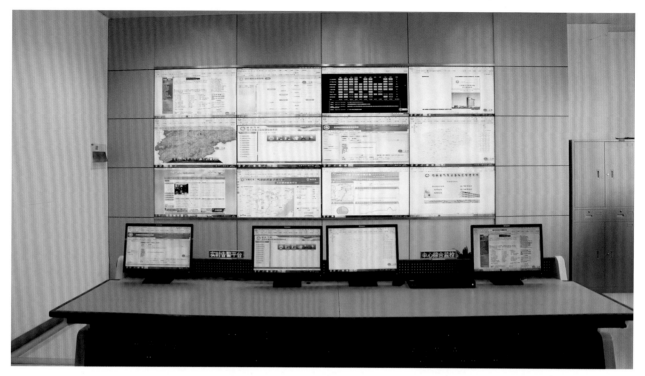

▲ 江西省大气探测全网运行监控集约化业务平台

◀ 省大气探测技术中心标准化气象装备维修测试平台 1

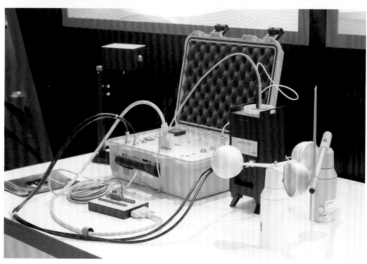

◀ 省大气探测技术中心标准化气象装备维修测试平台 2

▶ **设备维修**

▲ 2014 年 2 月 10 日，赣州市气象局业务技术人员冒雪抢修区域自动站

▲ 2014 年 4 月 23 日，赣州市气象局业务技术人员冒雨抢修区域自动站

◀ 2015 年 8 月 24 日，赣州市气象局业务技术人员检查机房网络系统

▲ 2017 年 6 月 16 日，赣州市气象局业务技术人员对雷达进行巡检

▲ 上饶市气象局技术人员在气象装备维修测试平台测试仪器

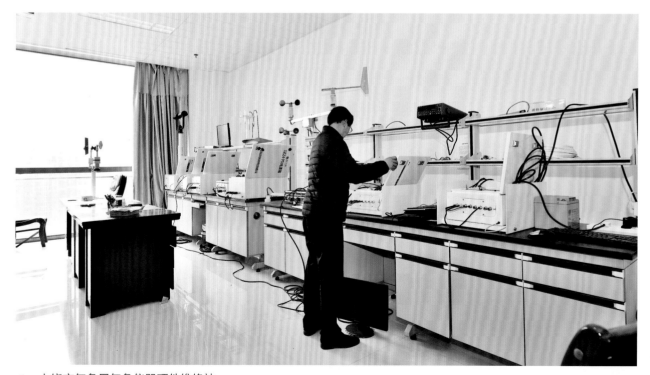

▲ 上饶市气象局气象仪器硬件维修站

▲ 上饶市气象局业务技术人员维护区域自动站

▲ 上饶市气象局业务技术人员检查区域自动站的雨量传感器

◀ 省气象灾害防御技术中心业务技术人员对预警系统进行维护

◀ 景德镇市气象局业务技术人员检查设备通信线路

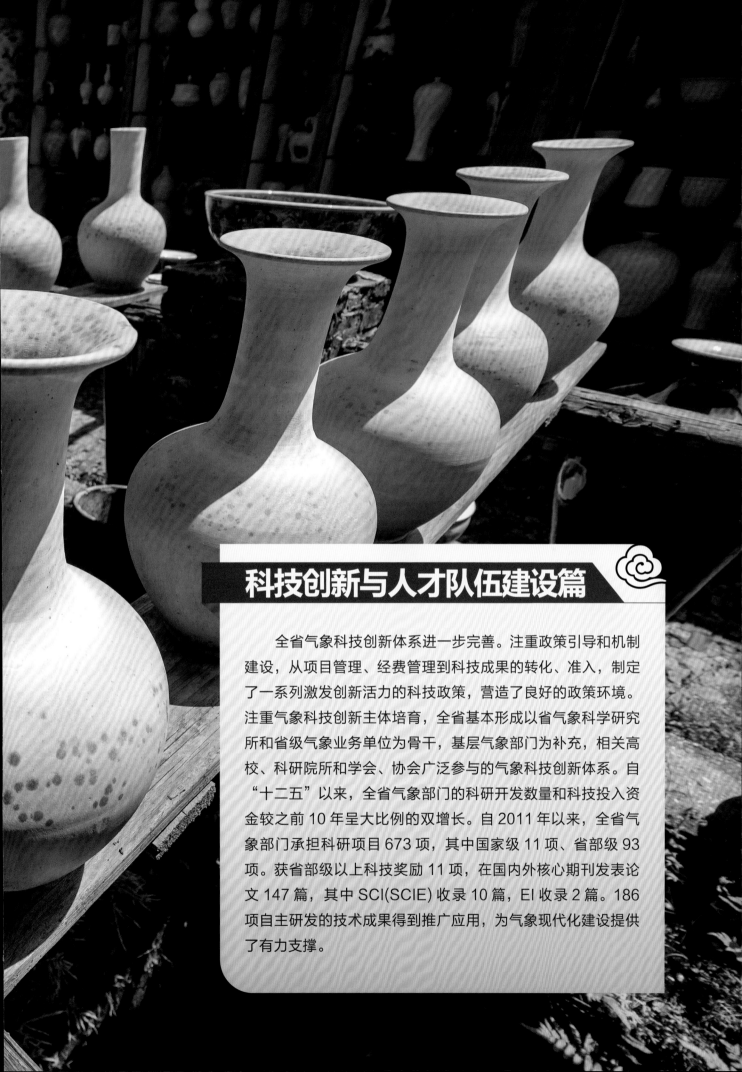

科技创新与人才队伍建设篇

　　全省气象科技创新体系进一步完善。注重政策引导和机制建设，从项目管理、经费管理到科技成果的转化、准入，制定了一系列激发创新活力的科技政策，营造了良好的政策环境。注重气象科技创新主体培育，全省基本形成以省气象科学研究所和省级气象业务单位为骨干，基层气象部门为补充，相关高校、科研院所和学会、协会广泛参与的气象科技创新体系。自"十二五"以来，全省气象部门的科研开发数量和科技投入资金较之前10年呈大比例的双增长。自2011年以来，全省气象部门承担科研项目673项，其中国家级11项、省部级93项。获省部级以上科技奖励11项，在国内外核心期刊发表论文147篇，其中SCI(SCIE)收录10篇，EI收录2篇。186项自主研发的技术成果得到推广应用，为气象现代化建设提供了有力支撑。

气象科技创新

▶ 科研项目成果

▲ 1998 年，中国气象局科技进步二等奖——微型无人驾驶飞机气象探空系统

▲ 2007 年 3 月，省气象局被评为全省科技创新先进单位

▲ 2014 年，《南方山洪灾害监测预警技术与推广应用》获江西省科学技术进步奖二等奖

◀ 2016 年，《森林火灾气象监测与风险预警技术》获江西省科学技术进步奖二等奖

▲ 2017年,《江西省气候变化影响评估和适应关键技术研究》获江西省科学技术进步奖二等奖

▲ 2017年,《极端气象条件下金属矿山尾矿库防灾技术研究》获江西省科学技术进步奖二等奖

▲ 鹰潭市气象局农村经济信息声讯服务系统获省政府农科教突出贡献奖、市政府科技进步奖

◀ 2017 年，省气象灾害防御技术中心研发的"一种接闪杆"获得发明专利证书

▶《气象与减灾研究》期刊

　　《气象与减灾研究》（季刊）1978 年创刊，是由江西省气象局主管、江西省气象学会主办的科技期刊，是国内首个气象与综合减灾研究领域的学术期刊。原刊名为《江西气象科技》，自 2006 年启用现刊名。《气象与减灾研究》分别于 2008 年、2016 年被江西省新闻出版局评为江西省第三届、第五届优秀科技期刊，在 2011 年全省期刊质量评选中名列第五。

《气象与减灾研究》期刊 ▶

▶ 科技创新评比

◀ 1998 年 2 月，省气象局科研所研制的自控微型无人驾驶飞机参加中国国际航空航天博览会，此项科研成果获中国气象局科技进步二等奖

◀ 2012 年 6 月，省气象局获奖代表参加江西省科学技术（专利）奖励大会

获奖年份	获奖工作名称
2009 年	建立全社会共同参与应对气候变化的体制机制
2010 年	构建省气象局的基层台站新型集约化综合观测平台
2013 年	构建气象与农业"六联合机制"，实现气象为农服务"一站通"
2015 年	部门融合，共推智慧农业气象服务
2016 年	创新驱动，提升全口径综合预算科学化、精细化水平
2018 年	全面融入，整体推进，构建生态文明建设气象保障服务大格局

▲ 省气象局历年获得全国气象部门创新工作奖情况表

科技人才培养

▶ 人才队伍学历情况

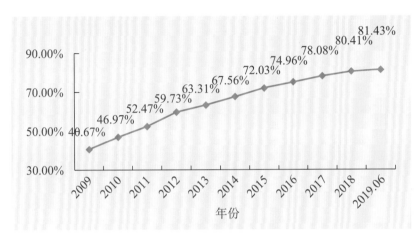

▲ 2009—2019 年 6 月，全省气象部门本科及以上学历人员比例

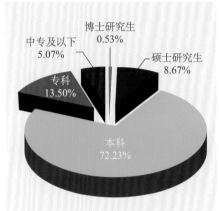

▲ 2019 年 6 月，全省气象部门在职在编人员学历分布情况

▶ 人才队伍职称情况

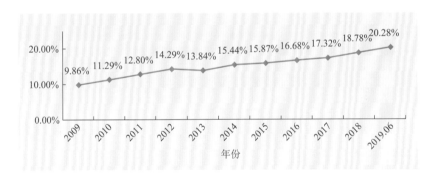

◀ 2009—2019 年 6 月，全省气象部门高级职称人员比例

▶ 享受政府特殊津贴人员

单位	姓名	单位	姓名
省气象科学研究所	吴崇浩	省气象局	陈双溪
省气象科技服务中心	郭有明	省气象局	魏　丽
吉安市气象局	黄玉柱	省气候中心	殷剑敏
省气象局	潘根发	省气象台	许爱华
省气象科技服务中心	汪润清	省大气探测技术中心	李志鹏
省气象台	王保生	省气象科学研究所	黄淑娥
省气象台	张延亭		

◀ 享受国务院和省政府特殊津贴人员

▲ 黄淑娥享受国务院政府特殊津贴   ▲ 许爱华享受国务院政府特殊津贴

▲ 殷剑敏享受省政府特殊津贴   ▲ 李志鹏享受省政府特殊津贴

▶ 入选中国气象局人才工程人员

▲ 中国气象局首席预报员许爱华   ▲ 中国气象局首席预报员尹洁

◀ 中国气象局青年英
才占明锦

▶ 江西信息应用职业技术学院概况

▲ 1956 年，江西省气象局气象干部训练班第一期开学典礼

▲ 南昌气象学校校门

▲ 南昌气象学校 7802 班毕业留影

南昌气象学校校门

2000 年 5 月，南昌气象学校体制划转合影留念

2002 年，江西信息应用职业技术学院挂牌仪式

▲ 2012 年 11 月，江西信息应用职业技术学院共青校区奠基

▲ 2016 年 10 月，江西信息应用职业技术学院办学 60 周年庆祝大会

气象科学普及

▶ 气象科普基地建设

▲ 2000 年 1 月，省气象局成为"全国科普教育基地"

▶ 气象科普场馆建设

▲ 2002 年 3 月，江西天文气象科普中心部分场馆开放

▲ 2002 年 5 月，江西天文气象科普中心场馆全面开放

▶ 气象科普活动

▲ 1982 年，景德镇市气象局业务技术人员在观测场中向中学生普及气象科学知识

▲ 20 世纪 80 年代，景德镇市气象局开展小球测风业务并现场进行气象科普活动

▲ 省防灾减灾科技中心对社会开放，南昌十七中学生参观演播室并与主持人合影

◀ 2002 年 5 月 12 日，中小学生参观气象科普馆

◀ 2005 年 10 月 13 日，省减灾办会同南昌市减灾办深入南昌市岱山社区，散发《避灾自救手册》丛书（含风灾、火灾、滑坡与泥石流、水灾、地震等）和 2005 年国际减灾日特刊等科普宣传资料，并向社区居民介绍防灾避险知识，提高居民防灾减灾能力

▲ 2007 年 8 月，庐山气象台业务技术人员黄水林为大学生进行气象科普讲解

▲ 2009 年 3 月 22 日，抚州市气象科普大使董泉龙向临川区第十小学师生开展气象科普知识宣传

◀ 2011 年 3 月 23 日世界气象日，开展"列车气象科普伴您行活动"

▲ 2013 年 3 月 22 日，宜春市气象局走进水江中学开展世界气象日科普宣传

▲ 2013 年 3 月 23 日世界气象日，小朋友们参观省气象影视中心演播室，主持人熊珊耐心讲解

▲ 2014 年 3 月 21 日，新余市、渝水区两级气象部门在渝水区罗坊镇集镇摆摊设点开展科普咨询并发放科普宣传材料

▲ 2015 年 3 月 23 日，气象对外开放日，省气象服务中心职工邓德文向来自南昌铁路局的列车乘务员们展示铁路专业气象服务平台

▲ 2016 年 6 月 16 日，抚州市人大常委会副主任曾龙昌看望参加"全市安全生产咨询日"活动的气象科技人员

▲ 2018 年 3 月 23 日，省气象局机关服务中心邀请南昌市青山湖区星光社区部分代表来到省气象局办公大楼参加第 58 个"世界气象日"活动

▲ 2018 年 3 月 23 日世界气象日，吉安市气象局迎来了一群可爱的小记者

▲ 2019 年 3 月 23 日世界气象日，一位老人在上饶市气象局气象科普展板前认真阅读

2019 年 5 月 12 日，瑞昌市气象 ▶
局开展防灾减灾科普宣传

▲ 2019 年，萍乡市教育局组织 200 余名学生现场听取市气象局业务技术人员讲授灾害防御课程

▶ "首席预报员进校园"气象科普活动品牌

▲ 2016 年 10 月 13 日，省气象局、省教育厅、省科协联合在南航附小红谷滩分校，举行"首席预报员进校园"气象科普活动启动仪式，并邀请著名气象节目主持人宋英杰为师生讲授了一堂生动有趣的气象知识科普课

管理体制

▶ 历史沿革

时间	机构名称
1952 年 6 月—1953 年 11 月	江西军区气象科
1953 年 11 月—1954 年 10 月	江西省气象科
1954 年 10 月—1958 年 5 月	江西省气象局
1958 年 5 月—1968 年 10 月	江西省水利电力厅水文气象局
1968 年 10 月—1969 年 5 月	江西省水文气象站临时领导小组
1969 年 5 月—1969 年 11 月	江西省水文气象站革委会
1969 年 11 月—1970 年 9 月	江西省水文气象站革委会临时领导小组
1970 年 9 月—1971 年 3 月	江西省水文气象站革委会
1971 年 3 月至今	江西省气象局

▲ 江西省气象管理机构变迁

▲ 1953 年 11 月，景德镇市气象局前身浮梁气象站由军队建制转为地方建制

▲ 1954 年 4 月，江西军区司令部气象科集体转业纪念

管理体系篇

新中国成立后，在江西军区气象科基础上，1954年组建江西省气象局，气象事业发展步入正轨。特别是1978年改革开放和1983年实行双重领导体制以来，全省气象现代化建设进程明显加快，监测站网、预报预警、气象服务、社会管理、基础设施、法治建设、社会管理、党的建设等各方面取得长足进步，与防灾减灾、农业、水利、林业、旅游、交通、环保等部门以及科研院所的合作进一步深化，科技水平显著提升，服务领域全面拓展，依法行政逐步规范。

▶ 历届领导

姓名	职务	任职时间
江西军区气象科		
董玉飞	科长	1952.06—1952.10
卓剑雄	科长	1952.11—1953.11
江西省气象科		
卓剑雄	科长	1953.11—1954.10
江西省气象局		
卓剑雄	局长	1954.10—1957.11
杨显太	副局长	1957.06—1958.05
江西省水利电力厅水文气象局		
王化民	负责人	1958.06—1958.12
	副局长	1958.12—1960.04
	局长	1960.05—1968.10
解 中	负责人	1958.06—1958.12
	副局长	1958.12—1968.10
江西省水文气象站临时领导小组		
吴兆繁	组长	1968.11—1969.05
江西省水文气象站革委会		
吴兆繁	主任	1969.06—1969.11
江西省水文气象站革委会临时领导小组		
王化民	组长	1969.12—1970.09
江西省水文气象站革委会		
王化民	主任	1970.10—1971.03
郜春芳	副主任	1970.10—1971.03
江西省气象局		
孙树义	政委	1971.04—1973.06
程其善	副政委	1971.04—1973.06
王化民	局长	1971.08—1979.12
	副局长	1980.05—1983.08
解 中	副局长	1971.09—1979.12
	局长	1980.01—1988.04
张磊浩	副局长	1975.11—1979.01
高天祥	副局长	1979.02—1983.08
徐 文	副局长	1980.05—1983.08
潘根发	副局长	1983.09—1988.04
	局长	1988.05—1990.12
刘兴安	副局长	1983.09—1990.12
王平鼎	纪检组长	1985.10—1994.09
章国材	副局长	1988.05—1990.12
姜宜愉	副局长	1989.10—1990.12
陈双溪	副局长	1988.05—1997.02
	局长	1997.02—2007.07
毛道新	副局长	1994.03—2008.06
李义源	副局长	1994.09—2003.12
黎 健	局长助理	1997.02—1999.01
	副局长	1999.01—2006.11
常国刚	局长	2007.07—2013.02
刘祖崙	纪检组长	2001.12—2013.10
魏 丽	副局长	2007.01—2011.01
李集明	副局长	2009.02—2012.10
薛根元	局长	2013.02—2018.01
詹丰兴	副局长	2005.01—2018.01
	局长	2018.01—至今
吴万友	副局长	2011.11—2019.02
谢梦莉	纪检组长	2013.10—至今
汪金福	副局长	2015.06—2018.11
傅敏宁	副局长	2018.07—至今
邓世忠	副局长	2019.04—至今
孙国栋	副局长	2019.09—至今
殷建敏	总工程师	2018.07—至今

◀ 1952—2019 年江西省气象管理机
构历届领导

法治建设

▶ 气象法律法规

▶ 气象依法行政

◀ 1999 年 12 月 16 日，省气象局组织召开学习宣传和贯彻实施《中华人民共和国气象法》座谈会

2001年3月20日，省气象局
召开江西省实施《中华人民共和
国气象法》办法专家论证会 ▶

《江西省实施〈中华人民共和国
气象法〉办法》新闻发布会 ▶

2001年，省气象局召开《江西
省气象条例》征求意见座谈会 ▶

◀ 2001 年，省气象局召开《南昌市防雷减灾管理规定》新闻发布会

◀ 2006 年 7 月 12 日，省气象局召开贯彻落实《国务院关于加快气象事业发展的若干意见》《江西省人民政府加快气象事业发展的意见》会议

◀ 江西卫视天气预报节目对《江西省气象灾害防御条例》进行宣传

2014 年 11 月 25 日，省人大法
工委、农委以及省政府法制办和
省气象局联合召开全省宣传贯彻
《江西省气象灾害防御条例》电
视电话会议 ▶

江西省宣传贯彻《气象灾害防御
条例》和《国家气象灾害应急预
案》专题电视电话会 ▶

全省气象部门 2017 年重点工作
推进会暨气象法治建设工作会议 ▶

▲ 2018 年 9 月 26 日，省人大农委、法工委、法制委和省政府法制办、省气象局在省行政中心联合召开全省宣传贯彻《江西省气候资源保护和利用条例》电视电话会，明确其出台的重要意义和必要性，介绍其主要内容和特点，并部署贯彻落实重点措施

▲ 2018 年 12 月，景德镇市气象局在乐平市镇桥镇乐安村开展《江西省气候资源保护和利用条例》宣讲活动

▲ 南昌市气象局开设法治大讲堂

▲ 2017 年 12 月 4 日，新余市气象局积极参加国家宪法日普法宣传

2018 年 11 月，景德镇市气象局在景航社区开展《江西省气候资源保护和利用条例》宣传活动 ▶

2018 年 12 月 4 日，江西信息应用职业技术学院开展国家宪法日主题宣传活动 ▶

◀ 2018 年，鹰潭市气象局举办普法
宣传活动

◀ 2019 年 4 月 19 日，宜春市气象
局开展普法宣传活动

▶ **防雷执法**

▲ 上饶市气象局在加油站开展防雷安全检查

▲ 2016 年 1 月 18 日，宜春市气象局对宜春市北湖公园
大型游乐场开展防雷安全检查

2019 年 6 月 20 日，吉安县气象局 ▶
在加油站开展防雷安全检查

景德镇市气象局在瑶里景区检查古建 ▶
筑防雷工程

宜春市气象局在铜鼓县检查防雷重点 ▶
单位（江西铜鼓有色冶金化工有限责
任公司）

▶ 气象行政审批

▲ 江西省气象局公共服务事项在江西政务服务网体现

▶ 施放气球管理

▲ 2018 年 6 月，依法制止施放氢气球行为

▶ 气象标准化建设

序号	标准号	标准名称	发布日期 （年/月/日）	实施日期 （年/月/日）	备注
1	QX/T 77—2007	森林火险气象等级	2007/6/22	2007/10/1	
2	QX/T 197—2013	柑橘冻害等级	2013/7/11	2013/10/1	
3	QX/T 89—2018	太阳能资源评估方法	2018/6/26	2018/10/1	
4	QX/T 431—2018	雷电防护技术文档分类与编码	2018/6/26	2018/10/1	
5	DB36/T 511—2007	江西省双季稻气象灾害指标	2007/4/19	2007/6/1	
6	DB36/T 512—2007	短期天气预报术语	2007/5/17	2007/6/17	
7	DB36/T 593—2010	基于 3S 技术的农业气候区划方法	2010/8/9	2010/12/1	
8	DB36/T 720—2013	汽车加油站防雷装置检测技术规范	2013/10/23	2013/12/31	
9	DB36/T 848—2015	江西省早稻集中育秧气象等级	2015/4/21	2015/7/1	
10	DB36/T 860—2015	赣南脐橙冻害预警等级	2015/12/21	2016/3/15	
11	DB36/T 861—2015	脐橙高温低湿气象灾害等级	2015/12/21	2016/3/15	
12	DB36/T 900—2016	建筑物防雷装置设计技术评价规范	2016/3/31	2016/7/1	
13	DB36/T 932—2016	室外电子广告系统防雷技术规范	2016/12/13	2017/3/1	
14	DB36/T 933—2016	电子信息系统防雷检测技术规范	2016/12/13	2017/3/1	
15	DB36/T1059—2018	城市轨道交通雷电防护装置检测技术规范	2018/11/2	2019/5/1	
16	DB36/T1060—2018	天然氧吧评定规范	2018/11/2	2019/5/1	
17	DB36/T 511—2018	双季稻气象灾害指标	2018/11/28	2019/6/1	修订
18	DB36/T 1094—2018	农业温室气体清单编制规范	2018/12/29	2019/7/1	
19	DB36/T 1095—2018	易燃易爆场所雷电防护装置检测报告编制规范	2018/12/29	2019/7/1	

▲ 江西省气象部门牵头制定并发布的行业标准、地方标准清单

开放与合作

▶ 出国考察

▲ 江西省减灾代表团在联合国国际减灾战略秘书处考察访问

▲ 江西省减灾代表团赴美国考察访问

▲ 江西省减灾代表团赴日本考察访问

▲ 2003 年 11 月，江西省减灾代表团与英国普利茅斯市政府洽谈合作

◀ 2004 年 3 月，江西省减灾代表团赴澳大利亚、新西兰考察访问

▶ 国外来访

▲ 1998 年，丹麦气象代表团访问省气象局

▲ 2005 年 4 月 25 日，亚洲备灾中心代表团到省减灾委考察访问

▶ 省部合作

▲ 2011 年 10 月 13 日，中国气象局与省政府共同推进气象防灾减灾能力建设合作协议签订仪式

▲ 2017 年 4 月 13 日，中国气象局局长刘雅鸣（左）与江西省省长刘奇（右）在南昌前湖迎宾馆签订中国气象局与省政府共同推进江西"十三五"气象事业发展合作协议

▶ 市厅合作

▲ 2015 年 8 月 27 日，省气象局与抚州市政府签订共同推进抚州市气象现代化建设合作协议

▲ 2016 年 12 月 12 日，省气象局与抚州市政府 2016 年市厅合作联席会议在省气象防灾减
　灾科技中心召开，共商推进抚州市气象事业发展相关事宜

▲ 2016 年 12 月 28 日，省气象局与九江市政府 2016 年市厅合作联席会议在省气象防灾减灾科技中心召开，共商"十三五"期间九江市气象现代化建设相关事宜

▲ 省气象局与萍乡市政府共同推进萍乡气象现代化建设合作协议签约仪式

▶ 局校合作

◀ 赣州市气象局走访赣南师范大学地理与环境工程学院和脐橙学院，洽谈气象为脐橙服务合作工作

◀ 2004 年 6 月 22 日，南京大学与省气象局合作协议签字仪式

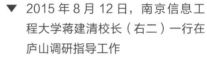

▼ 2015 年 8 月 12 日，南京信息工程大学蒋建清校长（右二）一行在庐山调研指导工作

精神文明建设篇

　　全省气象部门坚持围绕中心、服务大局，不断传承、丰富和发展气象文化，社会主义核心价值体系教育、学习型组织建设、气象信息产品传播、精神文明建设、气象宣传、气象科普等工作成效显著，弘扬"准确、及时、创新、奉献"气象精神，凝练"管天为民、追求卓越"的江西气象精神，有效提高了气象软实力，提高了气象工作在经济社会发展中的地位和作用，提高了干部职工思想道德和科学文化素质。特别是近年来，全省气象部门以习近平新时代中国特色社会主义思想为指导，在精神文明创建方面出制度、出规范、出品牌，载体有效、措施有力，取得了可喜的成绩。全省气象部门100%建成文明单位，其中市级以上文明单位达97%。省气象局获第一批、第三批、第四批、第五批"全国文明单位"称号。1996年至今，省气象局连续10届获"江西省文明单位"称号；省气象局机关和省气象局各直属单位连续15届获"省直机关文明单位"称号。井冈山市气象局获第一批、第二批、第三批、第四批、第五批"全国文明单位"称号。全省气象部门有30个单位获"第16届江西省文明单位"称号。

气象模范

获奖人姓名	获奖称号	授予部门	授予时间
詹丰兴	全国先进工作者、全国气象部门劳动模范、全省劳动模范	国务院、国家气象局、江西省人民政府	1989 年、1989 年、1990 年
尹　洁	全国气象工作先进工作者	人力资源和社会保障部、中国气象局	2013 年 12 月
许爱华	江西省先进工作者	江西省人民政府	2015 年
李志鹏	全国气象工作先进工作者	人力资源和社会保障部、中国气象局	2017 年 12 月
李一苏	农业生产先进个人	江西省人民政府	1963 年
林国民	全省劳动模范		
吴玉雪	社会主义农业建设积极分子	江西省人民政府	1958 年
张光年（吉安）	江西省农业战线先进生产者		1958 年 3 月
黄玉柱（吉安）	全省农业劳动模范、全省劳动模范	江西省人民政府	1982 年、1990 年
李益凡（九江）	省政法战线先进工作者		1959 年 4 月
王佳生（九江）	省社会主义农业建设积极分子	江西省人民政府	1958 年 3 月
徐传华（九江）	全省劳动模范	江西省人民政府	1990 年 5 月
刘明华（九江）	全省农业劳动模范	江西省人民政府	1982 年 12 月
沈德建（九江）	全省劳动模范	江西省人民政府	2000 年 9 月
张茂德（九江）	全省劳动模范	江西省人民政府	1980 年 2 月
胡建华（九江）	边陲优秀儿女铜质奖章	边陲优秀儿女奖章评选指导委员会	1985 年 6 月
韩庐生（九江）	全国气象系统先进工作者	人力资源和社会保障部、中国气象局	2009 年 12 月
戴寿申（上饶）	全省抗洪抢险功臣	江西省人民政府	1998 年 10 月
徐桂灿（上饶）	全省农业劳动模范	江西省人民政府	1982 年 12 月
章祝华（上饶）	江西省先进工作者	江西省人民政府	1995 年 4 月
杨拔质（上饶）	全省农业劳动模范	江西省人民政府	1982 年 12 月
周　兴（上饶）	全省劳动模范	江西省人民政府	1979 年
邓　江（赣州）	全国气象工作先进工作者	人力资源和社会保障部、中国气象局	2017 年 12 月
洪顺意（赣州）	全国气象部门双文明建设劳动模范、全省劳动模范	国家气象局、江西省人民政府	1989 年 4 月、1990 年 5 月
何居如（赣州）	全省农业先进工作者	江西省人民政府	1960 年 3 月
白　昉（赣州）	全省劳动模范	江西省人民政府	1980 年 3 月、1983 年 2 月
周　军（赣州）	先进个人	国家气象局	1989 年 2 月
方道俊（赣州）	全省农业劳动模范	江西省人民政府	1983 年 2 月
刘吉生（赣州）	全省农业劳动模范	江西省人民政府	1983 年 2 月
陈长文（宜春）	江西省先进工作者	江西省人民政府	2000 年 9 月

▲ 1989 年，詹丰兴同志被国务院授予全国先进工作者称号

▲ 1989 年，詹丰兴同志被国家气象局授予全国气象部门双文明建设劳动模范称号

◀ 1990 年，詹丰兴同志被江西省政府授予全省劳动模范称号

2019 年，詹丰兴同志被中共中央、国务院、中央军委颁发庆祝中华人民共和国成立 70 周年纪念章 ▶

▲ 2019 年，詹丰兴同志入选新中国气象事业 70 周年光荣册

▲ 1989 年 4 月 12 日，全国气象局长会议暨双文明建设先进代表留念

▲ 1989 年 9 月 23 日，省、市领导接见出席全国劳模表彰大会的江西省全国劳模

▲ 2005 年，全省防汛抗洪先进集体、先进个人表彰大会

▲ 2008 年，省气象信息中心获省直机关"巾帼文明岗"荣誉称号

▲ 2009 年 3 月，省气象局召开青年座谈会欢迎曹允飞同志赴南极科考载誉归来

▲ 2011 年，省气象局后勤服务中心综合经营科获"巾帼文明岗"荣誉称号

2012 年 5 月 30 日，省气候中心王怀清获第一届省直机关青年五四奖章荣誉称号 ▶

▲ 2019 年 3 月 8 日，由省妇联主办的全省各界妇女纪念国际妇女节 109 周年大会暨表彰大会在南昌市召开，省气候中心短期气候预测科获江西省"三八红旗集体"荣誉称号

▲ 2019 年 4 月 29 日，江西省庆祝五一国际劳动节暨全省五一劳动奖和工人先锋号表彰大会在南昌市举行，省气候中心王怀清同志、九江市柴桑区气象局何灵芬同志获江西省五一劳动奖章

▲ 2019 年 6 月 4 日，省气象局财务核算中心李南清同志获"江西省最美家庭"荣誉称号

▲ 2019 年，省气象服务中心获省级"青年文明号"荣誉称号

文体活动

▲ 1994 年 11 月，全省气象部门参加省第九届运动会，代表团全体成员合影

▲ 1995 年 5 月 4 日，省气象局组队在北京参加全国气象部门首届文艺汇演，相声节目《我爱气象》获优秀节目奖

1995 年 5 月 4 日，中国气象局党组书记、局长邹竞蒙与江西省气象局参加全国气象部门首届文艺汇演的部分成员合影留念 ▶

▲ 1998 年 11 月，省气象局直属机关第八届职工健身运动会

◀ 1999 年 1 月 26 日，中国气象局领导出席江西省气象部门文艺汇演

▲ 2004 年 10 月 25 日，省气象局成立五十周年纪念

▲ 2008 年 10 月，赣州市气象局羽毛球代表团参加赣粤六地市"东江杯"羽毛球团体赛

▲ 2008 年 10 月，省气象局举办首届江西省气象部门职工运动会

▲ 2009 年，省气象局纪念建党 88 周年红歌比赛

▲ 2009 年 10 月，省气象局举办首届江西省气象部门文艺汇演

2011 年，吉安市遂川县气象 ▶
局参加纪念建党 90 周年红歌
比赛

2011 年 6 月 30 日，省气象 ▶
局纪念建党 90 周年红歌比赛

▲ 2012 年 1 月 21 日，抚州市气象局举办迎新
春职工拔河比赛

▲ 2013 年 10 月 28 日，省气象局举办首届"华云杯"
篮球比赛

▲ 2016 年 2 月 4 日，省气象局迎新春联欢会

▲ 2016 年，萍乡市气象局廉政文化进机关元宵联欢会

2017 年 5 月 4 日，省气象 ▶
局举办第三届"十佳青年"
先进事迹报告会暨道德讲
堂，表彰全省气象部门"十
佳青年"，激励全省气象部
门青年职工"学先进、赶
先进"

▲ 2017 年，南昌市气象局举办喜迎十九大暨纪念建党 96 周年歌咏比赛

▼ 2018 年 2 月 5 日，省气象局迎新春联欢会

◀ 2018 年 3 月 27 日，全省气象
部门第三届"爱岗敬业十佳女职
工"先进事迹报告会暨道德讲
堂在南昌市举行，表彰全省为气
象事业做出突出贡献的优秀女职
工，宣传先进事迹和巾帼风采

◀ 2018 年 6 月 6 日，"江西气象
大学习讲堂"启动仪式在南昌市
举行，省气象局党组书记、局长
詹丰兴出席启动仪式并做动员讲
话，中国气象局原党组副书记、
副局长许小峰应邀作专题讲座

◀ 2018 年 8 月 10 日，"弘扬改革
精神，奋斗创造辉煌"全省气象
部门职工演讲比赛

2018 年 10 月 18 日，省气象局 ▶
机关退休老干部开展重阳节秋游
活动

2018 年，赣州市气象局参加赣 ▶
州市直机关干部职工趣味运动会

2019 年 2 月，鹰潭市气象局举 ▶
办以"热爱祖国、歌唱祖国"为
主题的元宵联欢会

◀ 2019 年，省气象局迎新春联欢会

◀ 2019 年 5 月 5 日，全省气象部门第四届"十佳青年"先进事迹报告会暨道德讲堂

◀ 省气象台中短期预报员合影

文明创建

1998 年 3 月 13 日，中央、省、市文 ▶
明办、省气象局、井冈山市领导为井冈
山市气象局举行全国气象部门教育基
地、全国文明服务示范单位、"井冈之
星"双文明机关揭牌仪式

1998 年 12 月，中国气象局党组书记、 ▶
局长温克刚为省气象局颁发"创建文明
行业工作先进系统"奖牌

1999 年 1 月 27 日，创建文明行业工 ▶
作先进系统命名大会

▲ 1999 年 1 月 27 日，全省气象局长会议暨文明系统命名大会全体代表与省委、省政府、中国气象局领导合影

◀ 2013 年 3 月，省气象局党组成员、纪检组组长刘祖崙（右五）为南城县气象局颁发全国气象部门"文明台站标兵"奖牌

◀ 2016 年 12 月 30 日，江西省气象行业工会成立暨第一次会员代表大会

志愿者活动

▲ 省气象局直属单位慰问共青城市希望工程阳光成长中心的孩子

▲ 2001 年 6 月 7 日，江西省青年气象志愿者科技服务计划启动仪式

◀ 2008 年 5 月，省气象局通过省红十字会向汶川地震灾区捐款

◀ 2011 年 6 月 15 日，省气象局后勤服务中心组织开展节能周活动

▲ 2013 年 1 月 5 日，省气象局党组成员、纪检组组长刘祖崙（右二）带领省气象局机关和直属单位干部职工清除办公楼周边道路结冰，为周边群众出行提供了便利

▲ 2014 年 3 月 23 日，江西省首批青年气象志愿者气象日主题示范活动

▲ 2015 年 9 月 23 日，省气象服务中心党员志愿者给贫 ▲ 2017 年 3 月 9 日，省气象局开展学雷锋无偿献血活动
困户送中秋节慰问品

2018 年 3 月 6 日，新余市气象局 ▶
干部职工前往宝真社区开展学雷锋
活动

▼ 2018 年 4 月，省气象局开展"绿
色生态健步行，美好生活迎五一"
健步行活动

◀ 2018 年 11 月 16 日，景德镇市气象局组织在职党员到新枫路社区开展"党员到社区报到"主题党日活动

◀ 2018 年 12 月 14 日，省气象局开展冬季消防演练活动

▼ 2019 年 6 月 18 日，省气象局联合各直属单位开展"绿色回收进机关"活动

台站风貌

▲ 安义县气象局

▼ 庐山气象局

▲ 共青城市气象局

▲ 2012 年建成的景德镇市气象局防灾减灾大楼

▲ 2010 年 10 月兴建的浮梁县气象局一角

① 2011 年 10 月新建的浮梁县气象局新一代多普勒雷达

② 萍乡市气象局防灾减灾中心

③ 萍乡市气象局文化墙

④ 莲花县气象局

⑤ 上栗县气象局

⑥ 芦溪县气象局

①	②
③	④
⑤	⑥

▲ 婺源县气象局

▲ 上饶市广丰区气象局

▲ 万载县气象局

▲ 铜鼓县气象局

▲ 靖安县突发事件预警信息发布中心

▲ 井冈山市气象局（厦坪镇）

▲ 井冈山市气象局（茨坪镇）

▲ 井冈山市气象局陈列馆

▲ 永新县气象局

▲ 南城县气象局

▲ 宜黄县气象局